Christiane Mázur Doi

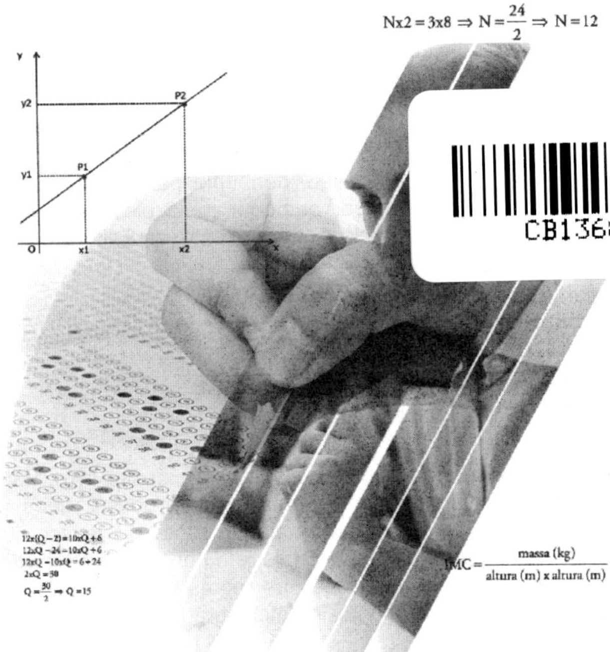

Entendendo Matemática com o Enem

Mais de 100 Exemplos e Questões Detalhadamente Explicados

Editora Ciência Moderna

Entendendo Matemática com o Enem – Mais de 100 Exemplos e Questões Detalhadamente Explicados

Editor: Paulo André P. Marques
Produção Editorial: Dilene Sandes Pessanha
Capa: Daniel Jara
Diagramação: Daniel Jara
Copidesque: Equipe Ciência Moderna

FICHA CATALOGRÁFICA

DOI, Christiane Mázur.

Entendendo Matemática com o Enem – Mais de 100 Exemplos e Questões Detalhadamente Explicados

Rio de Janeiro: Editora Ciência Moderna Ltda., 2020.

1. Matemática
I — Título

ISBN: 978-85-399-0838-7 CDD 510

Editora Ciência Moderna Ltda.
R. Alice Figueiredo, 46 – Riachuelo
Rio de Janeiro, RJ – Brasil CEP: 20.950-150
Tel: (21) 2201-6662/ Fax: (21) 2201-6896
E-MAIL: LCM@LCM.COM.BR
WWW.LCM.COM.BR

07/20

APRESENTAÇÃO

Muitas vezes, tendemos a achar a Matemática difícil, complicada ou abstrata... Neste livro, você verá que tópicos de Matemática podem ser explicados e aprendidos em mais de 100 exemplos e questões que focam em assuntos do dia a dia, em assuntos que fazem parte das nossas vidas. Com isso, a Matemática deixa de ser difícil, complicada e abstrata.

Este trabalho, escrito em linguagem simples e direta com o leitor, além de diversos exemplos didaticamente escolhidos, reúne questões do Enem (Exame Nacional do Ensino Médio) que necessitam de conceitos matemáticos para serem resolvidas. Esses exemplos e questões foram agrupados nos blocos a seguir.

- CALCULAR: SOMAR, SUBTRAIR, MULTIPLICAR E DIVIDIR.
- REGRA DE TRÊS.
- PERCENTUAIS.
- TRANFORMAÇÕES DE UNIDADES.
- FUNÇÃO DO 1º GRAU.
- FUNÇÃO DO 2º GRAU.
- GRÁFICOS.
- MÉDIA, MODA E MEDIANA.
- ESCALAS.

Cada um dos blocos apresenta uma introdução teórica abordada por meio de situações extraídas do cotidiano: os conceitos são desenvolvidos com base em casos próximos da nossa realidade. As questões são resolvidas de maneira detalhada, como se houvesse uma conversa informal entre as partes.

Os assuntos e temas presentes nesses exemplos e nessas questões estão detalhados a seguir.

Sumário

CAPÍTULO 1

CAPÍTULO 2

CAPÍTULO 3

CAPÍTULO 4

CAPÍTULO 5

CAPÍTULO 6

CAPÍTULO 7

CAPÍTULO 8

CAPÍTULO 9

CAPÍTULO 1

Calcular: Somar, Subtrair, Multiplicar e Dividir

Talvez nossas memórias mais antigas da época em que entramos na escola estejam associadas às quatro operações matemáticas básicas: soma, subtração, multiplicação e divisão.
Essas referências iniciais da álgebra, se aplicadas corretamente, resolvem muitos enunciados de questões que trabalham com situações práticas, como as dos exemplos a seguir.

Exemplo 1.1. Considere a tabela de calorias a seguir.

Fruta		Calorias por unidade
Maçã		80cal
Banana	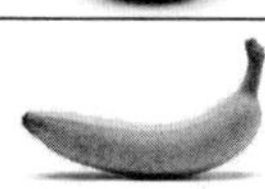	90cal
Laranja		50cal

Lúcia come diariamente três maçãs, uma banana e duas laranjas. Carol come diariamente uma maçã, duas bananas e três laranjas. Qual é a diferença de consumo diário de calorias com frutas entre Lúcia e Carol? Quantas calorias com frutas Lúcia e Carol consomem semanalmente?
Para sabermos o consumo diário de calorias com frutas de Lúcia, devemos, para cada uma das frutas, **multiplicar** a quantidade da fruta consumida diariamente pelo valor calórico da unidade e **somar** os resultados obtidos. Ou seja, devemos somar os produtos (multiplicações) de 3 maçãs por 80cal, de 1 banana por 90cal e de 2 laranjas por 50cal, que resulta em 430cal, pois 3x80+1x90+2X50=430.
Para sabermos o consumo diário de calorias com frutas de Carol, também

devemos, para cada uma das frutas, **multiplicar** a quantidade da fruta consumida diariamente pelo valor calórico da unidade e somar os resultados obtidos. Ou seja, devemos **somar** os produtos (multiplicações) de 1 maçã por 80cal, de 2 bananas por 90cal e de 3 laranjas por 50cal, que resulta em 410cal, pois 1x80+2x90+3X50=410.

Para sabermos a diferença de consumo diário de calorias com frutas entre Lúcia e Carol, precisamos fazer a **subtração** entre o consumo diário de calorias com frutas de Lúcia (430cal) e o consumo diário de calorias com frutas de Carol (410cal), o que resulta em 20cal, pois 430-410=20.

Para sabermos o consumo semanal de calorias com frutas de Lúcia, precisamos **multiplicar** seu consumo diário de calorias com frutas (410cal) por 7, visto que a semana tem 7 dias. Isso resulta em 2.870cal, pois 410x7=2.870.

Para sabermos o consumo semanal de calorias com frutas de Carol, precisamos **multiplicar** seu consumo diário de calorias com frutas (430cal) por 7, visto que a semana tem 7 dias. Isso resulta em 3.010cal, pois 430x7=3.010.

Exemplo 1.2. Considere o tabuleiro de xadrez a seguir.

Para esse tabuleiro, determine o que se pede.

- Número total de torres.
- Número total de casas.
- Número de casas escuras.
- Número de casas ocupadas por cavalos.
- Razão entre o número de casas ocupadas por peões e o número total de casas.

Na figura a seguir, temos o tabuleiro de xadrez com as casas numeradas: são 8 casas na vertical (indicadas por "1", "2", "3", "4", "5", "6", "7" e "8") e 8 casas na horizontal (indicadas por "a", "b", "c", "d", "e", "f", "g" e "h").

Para determinarmos o **número total de torres**, fazemos a **soma** das duas torres da linha 1 com as duas torres da linha 8. Ou seja, há 4 torres no tabuleiro (2+2=4).

Para determinarmos o **número total de casas**, fazemos a **multiplicação** entre a quantidade de casas na horizontal (8) e a quantidade de casas na vertical (8). Ou seja, há 64 casas no tabuleiro (8x8=64).

Para determinarmos o **número total de casas escuras**, fazemos a **divisão** do número total de casas (64) por 2, pois, no tabuleiro, metade das casas são escuras e metade das casas são claras. Ou seja, há 32 casas escuras no tabuleiro (64/2=32).

Para determinarmos o **número de casas ocupadas por cavalos**, fazemos a **soma** dos dois cavalos da linha 1 com os dois cavalos da linha 8. Ou seja, há 4 casas ocupadas por cavalos no tabuleiro (2+2=4).

Para determinarmos a **razão entre o número de casas ocupadas por peões e o número total de casas**, fazemos a **divisão** entre o número de casas ocupadas por peões (16, pois há 8 peões de cada lado do tabuleiro) e o número total de casas (64). Ou seja, essa razão é $^1/_4$, pois:

$$\text{Razão} = \frac{\text{número de casas ocupadas por peões}}{\text{número total de casas}} = \frac{16}{64} = \frac{1}{4}$$

As situações estudadas serão úteis na resolução das questões 1.1 a 1.9.

QUESTÃO 1.1 - Tema. Espessuras de lentes para óculos.

Questão 1.1 (Enem 2015). Deseja-se comprar lentes para óculos. As lentes devem ter espessuras mais próximas possíveis da medida 3mm. No estoque de uma loja, há lentes de espessuras: 3,10mm; 3,021mm; 2,96mm; 2,099mm e 3,07mm.

Se as lentes forem adquiridas nessa loja, a espessura escolhida será, em milímetros, de

a) 2,099.
b) 2,96.
c) 3,021.
d) 3,07.
e) 3,10.

Análise do enunciado.

No enunciado, são dadas as espessuras de lentes de contato existentes em 5 lotes do estoque de uma loja. Deseja-se comprar o lote que contenha as lentes com espessura mais próxima possível de 3mm.

Pede-se a espessura das lentes do lote escolhido.

Resolução da questão.

Na tabela a seguir, para cada lote, há a diferença (subtração) entre a espessura da lente e a espessura desejada.

Lote	Espessura da lente (mm)	Espessura desejada (mm)	Diferença entre a espessura da lente e a espessura desejada (mm)
1	3,10	3	3,10-3=0,10
2	3,021	3	3,021-3=-0,021
3	2,96	3	2,96-3=-0,040
4	2,099	3	2,099-3=-0,901
5	3,07	3	3,07-3=0,07

Na tabela, vemos que o lote 2, com lentes de 3,021mm de espessura, é o que apresenta a menor diferença entre a espessura da lente e a espessura desejada.

Resposta: C

QUESTÃO 1.2 - Tema. Poltronas em um teatro.

Questão 1.2 (Enem 2013). Em certo teatro, as poltronas são divididas em setores. A figura apresenta a vista do setor 3 desse teatro, no qual as cadeiras escuras estão reservadas e as claras não foram vendidas.

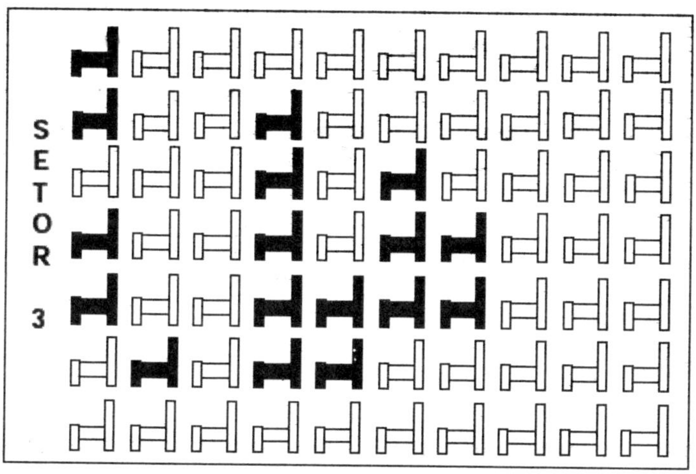

A razão que representa a quantidade de cadeiras reservadas do setor 3 em relação ao total de cadeiras desse mesmo setor é

a) 17/70
b) 17/53
c) 53/70
d) 53/17
e) 70/17

Análise do enunciado.

No enunciado, é dada uma figura que mostra as poltronas livres (claras) e as poltronas reservadas (escuras) do setor 3 de um teatro.

Pede-se a razão (divisão) entre a quantidade de cadeiras reservadas e a quantidade total de cadeiras do setor 3.

Resolução da questão.

Pela figura, contamos 70 cadeiras no total, assim distribuídas: 7 fileiras de cadeiras na horizontal e 10 fileiras de cadeiras na vertical.

Pela figura, contamos 17 cadeiras reservadas (escuras), assim distribuídas na horizontal: uma na 1ª fileira, duas na 2ª fileira, duas na 3ª fileira, quatro na 4ª fileira, cinco na 5ª fileira e três na 6ª fileira.

A razão procurada é a divisão entre o número de cadeiras reservadas (17) e o número total de cadeiras (70), conforme segue.

$$\text{Razão} = \frac{\text{número de cadeiras reservadas}}{\text{número total de cadeiras}} = \frac{17}{70}$$

Alternativa correta: A.

QUESTÃO 1.3 - Tema. Compra de empresa de gêneros alimentícios.

Questão 1.3 (Enem 2013). Cinco empresas de gêneros alimentícios encontram-se à venda. Um empresário, almejando ampliar os seus investimentos, deseja comprar uma dessas empresas. Para escolher qual delas irá comprar, analisa o lucro (em milhões de reais) de cada uma delas, em função de seus tempos (em anos) de existência, decidindo comprar a empresa que apresente o maior lucro médio anual. O quadro apresenta o lucro (em milhões de reais) acumulado ao longo do tempo (em anos) de existência de cada empresa.

Empresa	Lucro (em milhões de reais)	Tempo (em anos)
F	24	3,0
G	24	2,0
H	25	2,5
M	15	1,5
P	9	1,5

O empresário decidiu comprar a empresa

a) F
b) G
c) H
d) M
e) P

Análise do enunciado.
No enunciado, informa-se que cinco empresas (F, G, H, M e P) estão à venda e que um empresário deseja comprar uma dessas empresas. Ele analisa os lucros (em milhões de reais) e os tempos (em anos) de existência, dados em uma tabela, e decide comprar a empresa com o maior lucro médio anual.
Pede-se a empresa que o empresário decide comprar.

Resolução da questão.
Na tabela a seguir, para cada empresa, há o lucro, o tempo de existência e o lucro médio anual, dado pela divisão entre o lucro e o tempo de existência.

Empresa	Lucro (em milhões de reais)	Tempo (em anos)	Lucro médio anual (em milhões de reais por ano)
F	24	3,0	$\frac{24}{3} = 8$ milhões de reais por ano
G	24	2,0	$\frac{24}{2} = 12$ milhões de reais por ano
H	25	2,5	$\frac{25}{2,5} = 10$ milhões de reais por ano
M	15	1,5	$\frac{15}{1,5} = 10$ milhões de reais por ano
P	9	1,5	$\frac{9}{1,5} = 6$ milhões de reais por ano

Na tabela, vemos que a empresa de maior lucro médio anual é a G, com 12 milhões de reais por ano.

Alternativa correta: B.

QUESTÃO 1.4 - Tema. Índice de eficiência utilizado para qualificar vacas.

Questão 1.4 (Enem 2013). O índice de eficiência utilizado por um produtor de leite para qualificar suas vacas é dado pelo produto do tempo de lactação (em dias) e a produção média diária de leite (em kg), dividido pelo intervalo entre partos (em meses). Para esse produtor, a vaca é qualificada como eficiente quando esse índice é, no mínimo, 281 quilogramas por mês, mantendo sempre as mesmas condições de manejo (alimentação, vacinação e outros). Na comparação de duas ou mais vacas, a mais eficiente é a que tem maior índice. A tabela apresenta os dados coletados de cinco vacas.

Dados relativos à produção de leite

Vaca	Tempo de lactação (em dias)	Produção média diária de leite (em kg)	Intervalo entre partos (em meses)
Malhada	360	12,0	15
Mamona	310	11,0	12
Maravilha	260	14,0	12
Mateira	310	13,0	13
Mimosa	270	12,0	11

Após a análise dos dados, o produtor avaliou que a vaca mais eficiente é a

a) Malhada.
b) Mamona.
c) Maravilha.
d) Mateira.
e) Mimosa.

Análise do enunciado.

No enunciado, informa-se que um índice de eficiência para qualificar suas vacas leiteiras é dado pela multiplicação entre o tempo de lactação (em dias) e a produção média diária de leite (em kg), sendo esse resultado dividido pelo intervalo entre partos (em meses). De acordo com esse critério, uma vaca eficiente apresenta, no mínimo, índice igual a 281kg/mês.

É dada uma tabela com dados referentes a cinco vacas, chamadas Malhada, Mamona, Maravilha, Mateira e Mimosa.

Pede-se a vaca mais eficiente.

Resolução da questão.

O índice de eficiência de uma vaca leiteira é dado pela multiplicação entre o tempo de lactação (em dias) e a produção média diária de leite (em kg), sendo esse resultado dividido pelo intervalo entre partos (em meses).

Ou seja,

$$\text{Índice de eficiência} = \frac{\text{tempo de lactação (dias) x produção média diária de leite (kg)}}{\text{tempo entre partos (meses)}}$$

Aplicando a expressão anterior aos dados informados na tabela do enunciado, podemos calcular o índice de eficiência de cada vaca, conforme mostrado a seguir.

Vaca	Tempo de lactação (em dias)	Produção média diária de leite (em kg)	Intervalo entre partos (em meses)	Índice de eficiência (em kg/mês)
Malhada	360	12,0	15	$\frac{360 \times 12}{15} = 288$
Mamona	310	11,0	12	$\frac{310 \times 11}{12} = 284,17$
Maravilha	260	14,0	12	$\frac{260 \times 14}{12} = 303,33$
Mateira	310	13,0	13	$\frac{310 \times 13}{13} = 310$
Mimosa	270	12,0	11	$\frac{270 \times 12}{11} = 294,54$

Pela tabela, vemos que a vaca que apresenta maior índice de eficiência é a Mateira. **Alternativa correta: D.**

QUESTÃO 1.5 - Tema. Galões de álcool para epidemia de gripe viral.

Questão 1.5 (Enem 2014 – com adaptações). Durante uma epidemia de uma gripe viral, o secretário de saúde de um município comprou 16 vasilhames de álcool em gel, com 4 litros de capacidade cada um, para distribuir igualmente em recipientes para 10 escolas públicas do município. O fornecedor dispõe à venda diversos tipos de recipientes, com suas respectivas capacidades listadas a seguir.

- Recipiente I: 0,125 litro
- Recipiente II: 0,250 litro
- Recipiente III: 0,320 litro
- Recipiente IV: 0,500 litro
- Recipiente V: 0,800 litro

O secretário de saúde comprará recipientes de um mesmo tipo, de modo a instalar 20 deles em cada escola, abastecidos com álcool em gel na sua capacidade máxima, de forma a utilizar todo o gel dos vasilhames de uma só vez.
Que tipo de recipiente o secretário de saúde deve comprar?

a) I
b) II
c) III
d) IV
e) V

Análise do enunciado.
No enunciado, informa-se que, em uma epidemia de gripe viral, foram comprados 16 vasilhames de álcool em gel, com 4 litros de capacidade cada um, a fim de serem distribuídos igualmente em recipientes para 10 escolas públicas do município. São dadas as capacidades de cinco tipos de recipientes e é dito que serão instalados 20 recipientes em cada escola, abastecidos com álcool em gel na sua capacidade máxima. Pede-se o tipo de recipiente a ser utilizado.

Resolução da questão.
No total, foram comprados 64 litros de álcool em gel, pois foram comprados 16 vasilhames, cada um com 4 litros de álcool em gel, ou seja, 16x4=64 (64 litros). Esse volume de 64 litros de álcool em gel será distribuído igualmente em 10 escolas, ou seja, cada escola receberá 6,4 litros, pois 64/10=6,4.
O total dos 6,4 litros de álcool em gel recebido por cada escola será distribuído em 20 recipientes, ou seja, teremos 0,32 litros por recipiente, pois 6,4/20=0,32 (0,32 litros de álcool em gel por escola e por recipiente).

O recipiente que apresenta a capacidade volumétrica de 0,32 litros é o III.
Alternativa correta: C.

QUESTÃO 1.6 - Tema. Custo de material para a produção de portas retangulares.

Questão 1.6 (Enem 2014). Um carpinteiro fabrica portas retangulares maciças, feitas de um mesmo material. Por ter recebido de seus clientes pedidos de portas mais altas, aumentou sua altura em 1/8, preservando suas espessuras. A fim de manter o custo com o material de cada porta, precisou reduzir a largura.
A razão entre a largura da nova porta e a largura da porta anterior é

a) 1/8
b) 7/8
c) 8/7
d) 8/9
e) 9/8

Análise do enunciado.
No enunciado, informa-se que um carpinteiro, fabricante de portas retangulares maciças de um único material, aumentou a altura das portas em 1/8, preservando suas espessuras. Com o intuito de manter o custo com o material de cada porta, reduziu sua largura. Pede-se a razão (divisão) entre a largura da nova porta e a largura da porta antiga.

Resolução da questão.
Para a porta antiga, vamos usar, como base de cálculo, altura de 2 metros (2m), largura de 1 metro (1m) e espessura de 0,1 metro (0,1m). Assim, o volume de material gasto para confeccionar a porta antiga, indicado por V_a, é dado pela multiplicação entre sua altura, sua base e sua espessura, conforme segue.

$$Va = (altura\ \ antiga)x(largura\ \ antiga)x(espessura\ \ antiga) = 2x1x0,1 = 0,2\ (0,2m^3)$$

O fabricante aumentou a altura das portas, mas quer manter o custo de fabricação. Assim, o volume porta nova, indicado por V_n, deve ser igual ao volume da porta antiga, ou seja, $V_n=0{,}2m^3$.

Foi dito que o fabricante aumentou a altura da porta em 1/8 e preservou sua espessura. Se fizermos 1/8 da altura inicial de 2 metros (2m), obtemos 0,25 metros (0,25m), conforme segue.

$$\frac{1}{8}\text{ de 2 metros}=\frac{1}{8}x2=\frac{1}{4}=0{,}25\ (0{,}25m)$$

Se a porta, que tinha altura inicial de 2m, sofre aumento de 0,25m, passa a ter altura de 2,25m, que é a soma de 2m com 0,25m (2+0,25=2,25).

Assim, a nova porta terá volume igual a $0{,}2m^3$, altura igual a 2,25m e espessura igual a 0,1m (que ficou inalterada, segundo o enunciado). Com esses dados, podemos calcular o valor L da largura da nova porta, conforme mostrado a seguir.

$$Vn=(altura\ \ nova)x(largura\ \ nova)x(espessura\ \ nova)$$

$$0{,}2=2{,}25xLx0{,}1 \Rightarrow 0{,}2=0{,}225xL \Rightarrow \frac{0{,}2}{0{,}225}=L \Rightarrow L=0{,}889\ (0{,}889m)$$

A razão entre a largura da nova porta (0,889m) e a largura da porta antiga (1m) é dada pela divisão de 0,889 por 1, que é 0,889 ou 8/9, conforme mostrado a seguir.

$$Razão=\frac{Largura\ \ da\ \ nova\ \ porta}{Largura\ \ da\ \ porta\ \ antiga}=\frac{0{,}889}{1}=0{,}889=\frac{8}{9}$$

Alternativa correta: D.

QUESTÃO 1.7 - Tema. Como jovens entre 12 e 18 anos gastam seu tempo.

Questão 1.7 (Enem 2012). Uma pesquisa realizada por estudantes da Faculdade de Estatística mostra, em horas por dia, como os jovens entre 12 e 18 anos gastam seu tempo, tanto durante a semana (de segunda-feira a sexta-feira) quanto no fim de semana (sábado e domingo). A seguinte tabela ilustra os resultados da pesquisa.

Rotina Juvenil	Durante a semana	No fim de semana
Assistir à televisão	3	3
Atividades domésticas	1	1
Atividades escolares	5	1
Atividades de lazer	2	4
Descanso, higiene e alimentação	10	12
Outras atividades	3	3

De acordo com a pesquisa, quantas horas de seu tempo gasta um jovem entre 12 e 18 anos, na semana inteira (de segunda-feira a domingo), nas atividades escolares?

a) 20
b) 21
c) 24
d) 25
e) 27

Análise do enunciado.

No enunciado, é dada uma tabela que mostra como jovens entre 12 e 18 anos gastam seu tempo em diversas atividades, tanto durante a semana (de segunda-feira a sexta-feira) quanto no fim de semana (sábado e domingo). Essa tabela é o resultado de uma pesquisa realizada por estudantes da Faculdade de Estatística. Pede-se, de acordo com a pesquisa, a quantidade de horas que um jovem entre 12 e 18 anos gasta em atividades escolares na semana inteira (de segunda-feira a domingo).

Resolução da questão.

Pela tabela do enunciado, vemos que um jovem gasta 5 horas por dia, de segunda-feira a sexta-feira, em atividades escolares. Como há 5 dias de segunda-feira a sexta-feira, o jovem gasta 25 horas, durante a semana, em atividades escolares, pois a multiplicação entre 5 horas por dia e 5 dias resulta em 25 horas (5x5=25).

Pela tabela do enunciado, vemos que um jovem gasta 1 hora por dia, de sábado e domingo, em atividades escolares. Como há 2 dias de sábado a domingo, o jovem gasta 2 horas, durante o fim de semana, em atividades escolares, pois a multiplicação entre 1 hora por dia e 2 dias resulta em 2 horas (1x2=2).

Se o jovem gasta 25 horas em atividades escolares durante a semana e 2 horas em atividades escolares durante o fim de semana, ele gasta, no total, 27 horas por semana em atividades escolares, pois 25+2=27.

Alternativa correta: E.

QUESTÃO 1.8 - Tema. Capacidade mínima de aparelho de ar condicionado.

Questão 1.8 (Enem 2012). A capacidade mínima, em BTU/h, de um aparelho de ar condicionado, para ambientes sem exposição ao sol, pode ser determinada da seguinte forma:

- 600BTU/h por m^2, considerando-se até duas pessoas no ambiente;
- para cada pessoa adicional nesse ambiente, acrescentar 600BTU/h;
- acrescentar mais 600BTU/h para cada equipamento eletroeletrônico em funcionamento no ambiente.

Será instalado um aparelho de ar condicionado em uma sala, sem exposição ao sol, de dimensões 4m x 5m, em que permaneçam quatro pessoas e possua um aparelho de televisão em funcionamento. A capacidade mínima, em BTU/h, desse aparelho de ar condicionado deve ser

a) 12.000
b) 12.600
c) 13.200
d) 13.800
e) 15.000

Análise do enunciado.

No enunciado, são dadas as demandas, em BTU/h, de um aparelho de ar condicionado, para ambientes sem exposição ao sol, de acordo com o número de pessoas e com o número de equipamentos eletroeletrônicos em funcionamento no ambiente.

Pede-se a capacidade mínima, em BTU/h, de um aparelho de ar condicionado a ser instalado em uma sala, sem exposição ao sol, de dimensões 4m x 5m, com quatro pessoas e um aparelho de televisão em funcionamento.

Resolução da questão.

O aparelho de ar condicionado deve ser instalado em uma sala de dimensões 4m x 5m. Logo, a área da sala é de $20m^2$, pois 4x5=20.

No enunciado, é dito que, para até duas pessoas, são necessários 600BTU/h por m^2. Ou seja, no caso da sala em estudo, que tem $20m^2$ de área, para até duas pessoas são necessários 12.000BTU/h, pois 600x20=12.000.

No enunciado, é dito que, para cada pessoa adicional, além das duas mencionadas, devem ser acrescentados 600BTU/h. No caso, há quatro pessoas no ambiente, ou seja, "duas a mais". Como temos duas pessoas a mais, precisamos acrescentar, aos 12.000BTU/h, 1.200BTU/h. Assim ficamos com 13.200BTU/h, pois 12.000+1.200=13.200.

No enunciado, é dito que devemos acrescentar 600BTU/h para cada equipamento eletroeletrônico em funcionamento no ambiente. No caso, há apenas um equipamento (uma televisão). Logo, precisamos acrescentar, aos 13.200BTU/h, 600BTU/h, o que resulta em 13.800BTU/h.

Alternativa correta: D.

QUESTÃO 1.9 - Tema. Empilhamento de contêineres.

Questão 1.9 (Enem 2015). Uma carga de 100 contêineres, idênticos ao modelo apresentado na figura 1, deverá ser descarregada no porto de uma cidade. Para isso, uma área retangular de 10m por 32m foi cedida para o empilhamento desses contêineres (figura 2).

Figura 1

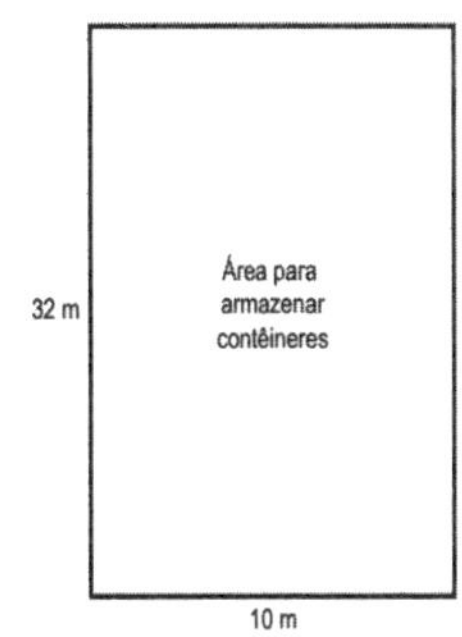

Figura 2

De acordo com as normas desse porto, os contêineres deverão ser empilhados de forma a não sobrarem espaços nem ultrapassarem a área delimitada. Após o empilhamento total da carga e atendendo à norma do porto, a altura mínima a ser atingida por essa pilha de contêineres é

a) 12,5m.
b) 17,5m.
c) 25,0m.
d) 22,5m.
e) 32,5m.

Análise do enunciado.
No enunciado, é dito que uma carga de 100 contêineres, idênticos ao modelo da figura 1, deverá ser empilhada em uma área retangular de 10m por 32m, de forma que não sobrem espaços e não se ultrapasse a área delimitada pela figura 2. Pede-se a altura mínima a ser atingida pela pilha de contêineres.

Resolução da questão.

Na figura 1, vemos que cada contêiner tem comprimento de 6,4m e largura de 2,5m. Na figura 2, vemos que a área disponível para cada camada de contêiners tem comprimento de 32m e largura de 10m.

Podemos acomodar 5 contêineres no comprimento disponível, pois 32÷6,4=5, e 4 contêineres na largura disponível, pois 10÷2,5=4.

Logo, uma camada acomoda 20 contêineres, pois 5x4=20. Isso está ilustrado na figura a seguir.

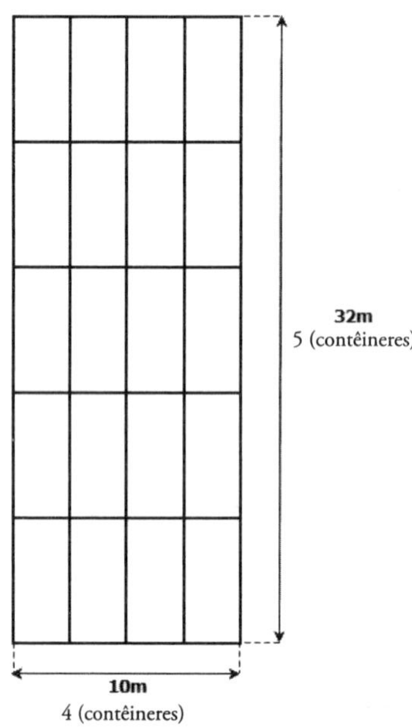

Figura. Uma camada acomoda 20 contêineres: 5 no comprimento de 32m e 4 na largura de 10m.

Como cada camada acomoda 20 contêiners e temos 100 contêineres para serem empilhados, precisamos de 5 camadas, pois 100÷20=5.

Como cada contêiner tem 2,5m de altura e temos 5 camadas de contêineres, a altura total do empilhamento é de 12,5m, pois 5x2,5=12,5.

Alternativa correta: A.

CAPÍTULO 2

REGRA DE TRÊS

Usamos a regra de três quando temos situações de proporcionalidade, como esta:

- uma dúzia de ovos tem 12 ovos;
- duas dúzias de ovos têm 24 ovos, pois o dobro de 12 é 24;
- três dúzias de ovos têm 36 ovos, pois o triplo de 12 é 36.

A proporção usada nos cálculos das quantidades de ovos contidas em uma dúzia, duas dúzias e três dúzias é a seguinte: "uma dúzia contém 12 unidades".
No quadro a seguir, temos a representação de uma, duas e três dúzias de ovos.

Dúzias de ovos	**Representação**	**Quantidades de ovos**
Uma dúzia		1x12=12 ovos
Duas dúzias	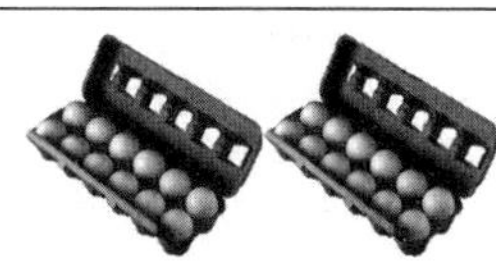	2x12=24 ovos
Três dúzias		3x12=36 ovos

No exemplo 2.1 e nas questões 2.1 a 2.16, temos diversas situações de proporcionalidade em que usamos a regra de três.

Exemplo 2.1. Imagine que com 2 metros de fita seja possível fazer 3 laços, conforme ilustrado a seguir.

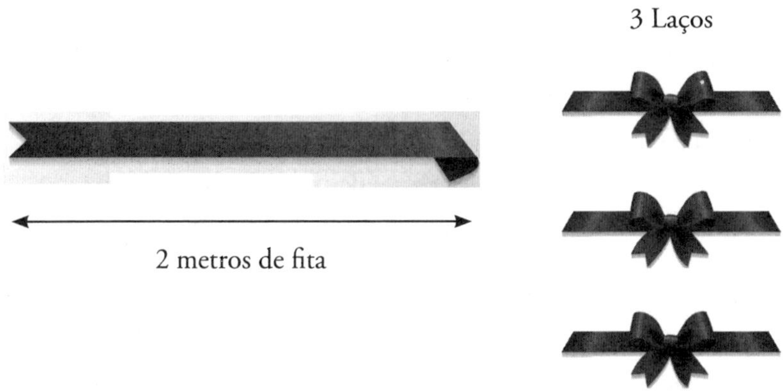

Mantendo-se a proporção citada, quantos laços podem ser feitos com 8 metros de fita? E com 9 metros de fitas? Quantos metros de fita são necessários para fazermos 5 laços?

A proporção indicada é de 2 metros (2m) de fita para 3 laços. Para sabermos o número N de laços que podem ser feitos com 8 metros (8m) de fita, fazemos a regra de três a seguir.

2 metros - 3 laços
8 metros - N

Para acharmos o resultado N, fazemos a seguinte igualdade, vinda da multiplicação "em cruz" dos valores presentes no esquema anterior:

$$Nx2 = 3x8 \Rightarrow N = \frac{24}{2} \Rightarrow N = 12$$

Logo, com 8 metros de fita, podemos fazer 12 laços.

Ainda com base na proporção de 2 metros (2m) de fita para 3 laços, para sabermos o número M de laços que podem ser feitos com 9 metros (9m) de fita, fazemos a regra de três a seguir.

2 metros - 3 laços
9 metros - N

Para acharmos o resultado M, fazemos a seguinte igualdade, vinda da multiplicação "em cruz" dos valores presentes no esquema anterior:

$$Mx2 = 3x9 \Rightarrow M = \frac{27}{2} \Rightarrow M = "13,5" \Rightarrow M = 13$$

Logo, com 9 metros de fita, podemos fazer 13 laços. Como somente é possível termos número inteiro de laços, não há sentido em dizermos "13,5 laços". Assim, com 9 metros de fita, podemos fazer 13 laços e há sobra de fita, mas não o suficiente para fazermos o 14º laço.

Continuando com base na proporção de 2 metros (2m) de fita para 3 laços, para sabermos a quantidade Q de metros de fita para fazermos 5 laços, fazemos a regra de três a seguir.

2 metros - 3 laços
Q - 5 laços

Para acharmos o resultado Q, fazemos a seguinte igualdade, vinda da multiplicação "em cruz" dos valores presentes no esquema anterior:

$$Qx3 = 2x5 \Rightarrow Q = \frac{10}{3} \Rightarrow Q = 3,3 \text{ metros}$$

Logo, para fazermos 5 laços, precisamos de 3,3 metros de fita.

A situação estudada será útil na resolução das questões 2.1 a 2.16.

QUESTÃO 2.1 - Tema. Aplicação de insulina por meio de "caneta" que opera com refil.

Questão 2.1 (Enem 2015). A insulina é utilizada no tratamento de pacientes com diabetes para controle glicêmico. Para facilitar sua aplicação, foi desenvolvida uma "caneta" na qual pode ser inserido um refil contendo 3mL de insulina, como mostra a imagem.

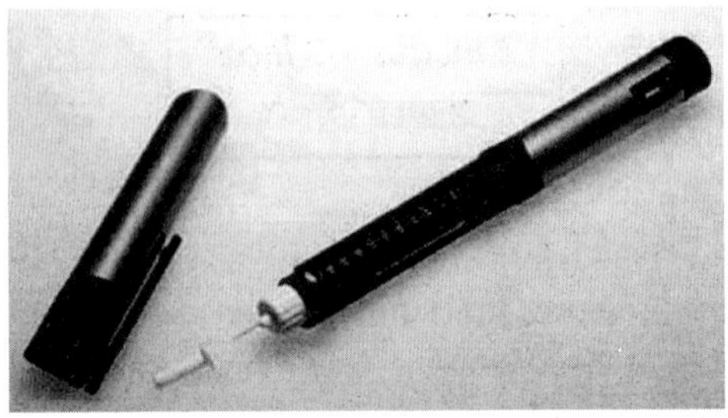

Para controle das aplicações, definiu-se a unidade de insulina como 0,01mL. Antes de cada aplicação, é necessário descartar 2 unidades de insulina, de forma a retirar possíveis bolhas de ar. A um paciente foram prescritas duas aplicações diárias: 10 unidades de insulina pela manhã e 10 à noite. Qual o número máximo de aplicações por refil que o paciente poderá utilizar com a dosagem prescrita?

a) 25
b) 15
c) 13
d) 12
e) 8

Análise do enunciado.
No enunciado, informa-se que foi desenvolvida uma "caneta" na qual pode ser inserido um refil com 3mL de insulina. Para controle das aplicações, a unidade de insulina é 0,01mL e, antes de cada aplicação, é necessário descartar 2 unidades de insulina para se retirarem possíveis bolhas de ar.
Um paciente deve fazer duas aplicações diárias de insulina: uma aplicação de 10 unidades pela manhã e uma aplicação de 10 unidades à noite.
Pede-se o número máximo de aplicações por refil que esse paciente poderá utilizar.

Resolução da questão.
Em cada aplicação, o paciente usará 12 unidades de insulina, que é a soma das 10 unidades prescritas e das 2 unidades para se retirarem possíveis bolhas de ar.
Como uma unidade de insulina equivale a 0,01mL, 12 unidades de insulina equivalem a 0,12mL, pois 12x0,01=0,12. Ou seja, cada aplicação consome 0,12mL de insulina.

Como um refil contem 3mL de insulina e cada aplicação consome 0,12mL de insulina, podemos calcular, pela regra de três a seguir, o número N de aplicações que podem ser feitas com o volume de um refil.

0,12 mL - 1 aplicação 3 mL - N aplicações

Para acharmos o resultado N, fazemos a seguinte igualdade, vinda da multiplicação "em cruz" dos valores presentes no esquema anterior:

$$Nx0{,}12 = 1x3 \Rightarrow N = \frac{3}{0{,}12} = 25.$$

Logo, o número máximo de aplicações por refil que o paciente poderá utilizar com a dosagem prescrita é de 25 aplicações.

Alternativa correta: A.

QUESTÃO 2.2 - Tema. Compra de garrafa de água para ingestão antes de exame médico.

Questão 2.2 (Enem 2015). Alguns exames médicos requerem uma ingestão de água maior do que a habitual. Por recomendação médica, antes do horário do exame, uma paciente deveria ingerir 1 copo de água de 150 mililitros a cada meia hora, durante as 10 horas que antecederiam um exame. A paciente foi a um supermercado comprar água e verificou que havia garrafas dos tipos a seguir.

- Garrafa I: 0,15 litro.
- Garrafa II: 0,30 litro.
- Garrafa III: 0,75 litro.
- Garrafa IV: 1,50 litro.
- Garrafa V: 3,00 litros.

A paciente decidiu comprar duas garrafas do mesmo tipo, procurando atender à recomendação médica e, ainda, de modo a consumir todo o líquido das duas garrafas antes do exame. Qual o tipo de garrafa escolhida pela paciente?

a) I
b) II
c) III
d) IV
e) V

Análise do enunciado.
No enunciado, informa-se que uma paciente deve ingerir 1 copo de água de 150 mililitros (150mL) a cada meia hora, durante as 10 horas que antecedem um exame médico. Há cinco opções (I, II, III, IV e V) de garrafas de água para compra em supermercado. A paciente compra duas garrafas do mesmo tipo, a fim de atender à recomendação médica e de modo a consumir todo o líquido das duas garrafas antes do exame.
Pede-se o tipo de garrafa de água comprada pela paciente.

Resolução da questão.
A recomendação é a de que, a cada meia, durante 10 horas, a paciente tome 1 copo de água. Como uma hora contém "2 meias-hora", então 10 horas correspondem ao tempo T de "20 meias-hora", conforme mostrado na regra de três a seguir.

1 hora - 2 " meias - hora"
10 horas - T

Para acharmos o resultado T, fazemos a seguinte igualdade, vinda da multiplicação "em cruz" dos valores presentes no esquema anterior:

$$Tx1 = 2x10 \Rightarrow T = 20\text{ "meias} - \text{hora"}$$

Logo, a paciente deve tomar 20 copos de água.

Como 1 copo contém 150mL de água, 20 copos contêm o volume V de 3.000mL de água, conforme mostrado na regra de três a seguir.

1 copo - 150 ml 20 copos - V

Para acharmos o resultado V, fazemos a seguinte igualdade, vinda da multiplicação "em cruz" dos valores presentes no esquema anterior:

$$Vx1 = 2x150 \Rightarrow V = 3.000mL$$

Como 1.000mL corresponde a 1 litro (1L), 3.000mL correspondem a 3 litros (3L). É dito que a paciente quer comprar duas garrafas de água e tomar todo o conteúdo antes do exame, ou seja, o conteúdo total das duas garrafas deve resultar em 3L de água. Assim, ela deve comprar duas garrafas com 1,5L de água cada uma (garrafa tipo IV).

Alternativa correta: D

QUESTÃO 2.3 - Tema. Dosagem de remédio para criança.

Questão 2.3 (Enem 2012). Uma mãe recorreu à bula para verificar a dosagem de um remédio que precisava dar a seu filho. Na bula, recomendava-se a seguinte dosagem: 5 gotas para cada 2kg de massa corporal a cada 8 horas.
Se a mãe ministrou corretamente 30 gotas do remédio a seu filho a cada 8 horas, então a massa corporal dele é de

a) 12kg
b) 16kg
c) 24kg
d) 36kg
e) 75kg

Análise do enunciado.

No enunciado, informa-se que uma bula de remédio recomendava a seguinte dosagem: 5 gotas para cada 2kg de massa corporal a cada 8 horas.

É dito que uma mãe ministrou corretamente 30 gotas do remédio a seu filho a cada 8 horas.

Pede-se a massa corporal da criança.

Resolução da questão.

A recomendação, a cada 8 horas, é de 5 gotas de remédio para cada 2kg de massa corporal. Se, a cada 8 horas, a mãe ministrou corretamente 30 gotas do remédio ao seu filho, para sabermos a massa corporal M da criança, fazemos a regra de três a seguir.

5 gotas - 2 Kg
30 gotas - M

Para acharmos o resultado M, fazemos a seguinte igualdade, vinda da multiplicação "em cruz" dos valores presentes no esquema anterior:

$$Mx5 = 2x30 \Rightarrow M = \frac{60}{5} \Rightarrow M = 12 \text{ kg}$$

Logo, a massa corporal da criança é de 12kg.

Alternativa correta: A.

QUESTÃO 2.4 - Tema. Densidade demográfica da região coberta pela caatinga.

Questão 2.4 (Enem 2011). Cerca de 20 milhões de brasileiros vivem na região coberta pela caatinga, em quase 800 mil km^2 de área. Quando não chove, o homem do sertão e sua família precisam caminhar quilômetros em busca da água dos açudes. A irregularidade climática é um dos fatores que mais interferem na vida do sertanejo.

Disponível em: http://www.wwf.org.br. Acesso em: 23 abr. 2010.

Segundo esse levantamento, a densidade demográfica da região coberta pela caatinga, em habitantes por km^2, é de

a) 250.
b) 25.
c) 2,5.
d) 0,25.
e) 0,025.

Análise do enunciado.
No enunciado, informa-se que "cerca de 20 milhões de brasileiros vivem na região coberta pela caatinga, em quase 800 mil km^2 de área".
Pede-se a densidade demográfica dessa região, em habitantes por km^2.

Resolução da questão.
Há 20.000.000 de brasileiros em $800.000km^2$ na região coberta pela caatinga.
Para sabermos o número médio N de brasileiros em $1km^2$ dessa região, fazemos a regra de três a seguir.

20.000.000 - 80.000 Km^2 N - $1Km^2$

Para acharmos o resultado N, fazemos a seguinte igualdade, vinda da multiplicação "em cruz" dos valores presentes no esquema anterior:

$$Nx800.000 = 20.000.000x1 \Rightarrow N = \frac{20.000.000}{800.000} \Rightarrow N = 25$$

Logo, há, em média, 25 brasileiros por km^2 na região da caatinga. Ou seja, a densidade demográfica nessa região é de 25 brasileiros por km^2.

Alternativa correta: B.

QUESTÃO 2.5 - Tema. Fumaça expelida por um vulcão e espaço aéreo da Finlândia.

Questão 2.5 (Enem 2011). Em 2010, um caos aéreo afetou o continente europeu, devido à quantidade de fumaça expelida por um vulcão na Islândia, o que levou ao cancelamento de inúmeros voos. Cinco dias após o início desse caos, todo o espaço aéreo europeu acima de 6.000 metros estava liberado, com exceção do espaço aéreo da Finlândia. Lá, apenas voos internacionais acima de 31 mil pés estavam liberados.

Disponível em: http://www1.folha.uol.com.br. Acesso em: 21 abr. 2010 (adaptado).

Considere que 1 metro equivale a aproximadamente 3,3 pés. Qual a diferença, em pés, entre as altitudes liberadas na Finlândia e no restante do continente europeu cinco dias após o início do caos?

a) 3.390 pés
b) 9.390 pés
c) 11.200 pés
d) 19.800 pés
e) 50.800 pés

Análise do enunciado.

No enunciado, informa-se que em 2010, cinco dias após o início do caos aéreo gerado pela fumaça expelida por um vulcão na Islândia, todo o espaço aéreo europeu acima de 6.000 metros estava liberado, com exceção do espaço aéreo da Finlândia, onde apenas voos internacionais acima de 31 mil pés estavam liberados. Dado que 1 metro equivale a 3,3 pés, pede-se a diferença, em pés, entre as altitudes liberadas na Finlândia e no restante da Europa cinco dias após o início do caos.

Resolução da questão.

Visto que 1m equivale a 3,3 pés (1m = 3,3pés), para transformarmos 6.000m no seu valor Y equivalente em pés, fazemos a regra de três a seguir.

1m - 3,3 pés 6.000m - Y

Para acharmos o resultado a, fazemos a seguinte igualdade, vinda da multiplicação "em cruz" dos valores presentes no esquema anterior:

$$1xY = 6.000x3,3 \Rightarrow Y = \frac{19.800}{1} \Rightarrow Y = 19.800 \text{ pés}$$

Logo, a altura liberada no espaço aéreo europeu, com exceção da Islândia, foi de 19.800 pés. Na Islândia, a altura liberada foi de 31.000 pés.
Concluímos que a diferença entre essas alturas é 11.200 pés, pois 31.000 - 19.800 = 11.200.

Alternativa correta: C.

QUESTÃO 2.6 - Tema. Utilização racional de energia elétrica em residências.

Questão 2.6 (Enem 2011). Muitas medidas podem ser tomadas em nossas casas visando à utilização racional de energia elétrica. Isso deve ser uma atitude diária de cidadania. Uma delas pode ser a redução do tempo no banho. Um chuveiro com potência de 4.800W consome 4,8kW por hora. Uma pessoa que toma dois banhos diariamente, de 10 minutos cada, consumirá, em sete dias, quantos kW?

a) 0,8
b) 1,6
c) 5,6
d) 11,2
e) 33,6

Análise do enunciado.
No enunciado, informa-se que um chuveiro com potência de 4.800W consome 4,8kW por hora.

Pede-se a quantidade kW consumidos, em 7 dias, por uma pessoa que toma, por dia, 2 banhos de 10 minutos cada.

Resolução da questão.

Se a pessoa toma, por dia, 2 banhos de 10 minutos cada, ela deixa, diariamente, o chuveiro ligado por 20 minutos, pois 2x10=20.

Em 7 dias, a pessoa deixa o chuveiro ligado por 140 minutos, pois 20 minutos diários multiplicados por 7 dias resultam em 140 minutos.

Sabendo-se que 1 hora equivale a 60 minutos, para sabermos o tempo T, em horas, equivalente a 140 minutos, fazemos a regra de três a seguir.

1hora - 60 min T - 140 min

Para acharmos o resultado T, fazemos a seguinte igualdade, vinda da multiplicação "em cruz" dos valores presentes no esquema anterior:

$$\text{T}\text{x}60 = 140\text{x}1 \Rightarrow \text{T} = \frac{140}{60} \Rightarrow \text{T} = 2{,}33\ \text{h}$$

Foi dito que o chuveiro consome 4,8kW por hora. Assim, para sabermos o consumo C do chuveiro em 2,33 horas, fazemos a regra de três a seguir.

1h - 4,8 kW 2,33h - C

Para acharmos o resultado C, fazemos a seguinte igualdade, vinda da multiplicação "em cruz" dos valores presentes no esquema anterior:

$$\text{C}\text{x}1 = 2{,}33\text{x}4{,}8 \Rightarrow \text{C} = 11{,}2\ \text{kW}$$

Alternativa correta: D.

QUESTÃO 2.7 - Tema. Economia de água: bacias sanitárias (ecológica e não ecológica).

Questão 2.7 (Enem 2012). Há, em virtude da demanda crescente de economia de água, equipamentos e utensílios como as bacias sanitárias ecológicas, que utilizam 6 litros de água por descarga em vez dos 15 litros utilizados por bacias sanitárias não ecológicas, conforme dados da Associação Brasileira de Normas Técnicas (ABNT).
Qual será a economia diária de água obtida por meio da substituição de uma bacia sanitária não ecológica, que gasta cerca de 60 litros por dia com a descarga, por uma bacia sanitária ecológica?

a) 24 litros
b) 36 litros
c) 40 litros
d) 42 litros
e) 50 litros

Análise do enunciado.
No enunciado, informa-se que as bacias sanitárias ecológicas utilizam 6 litros de água por descarga em vez dos 15 litros consumidos por bacias sanitárias não ecológicas.
Pede-se a economia diária de água com a troca de uma bacia sanitária não ecológica, que gasta de 60 litros por dia com a descarga, por uma bacia sanitária ecológica.

Resolução da questão.
Com a bacia sanitária não ecológica, que usa 15 litros de água por descarga, são gastos de 60 litros de água por dia com a descarga.
Para sabermos o número N de descargas dadas por dia com a bacia sanitária não ecológica, fazemos a regra de três a seguir.

1 descarga - 15 litros N - 60 litros

Para acharmos o resultado N, fazemos a seguinte igualdade, vinda da multiplicação "em cruz" dos valores presentes no esquema anterior:

$$Nx15 = 1x60 \Rightarrow N = \frac{60}{15} \Rightarrow N = 4$$

Logo, com a bacia sanitária não ecológica, são dadas 4 descargas por dia.
Com a troca da bacia sanitária não ecológica pela bacia sanitária ecológica, que usa 6 litros de água por descarga, continuam sendo dadas 4 descargas por dia.
Para sabermos o volume V de água usado nessas 4 descargas com a bacia sanitária ecológica, fazemos a regra de três a seguir.

1 descarga - 6 litros 4 descarga - V

Para acharmos o resultado V, fazemos a seguinte igualdade, vinda da multiplicação "em cruz" dos valores presentes no esquema anterior:

$$Vx1 = 6x4 \Rightarrow V = \frac{24}{1} \Rightarrow V = 24 \text{ litros}$$

Logo, com a bacia sanitária ecológica, são gastos 24 litros de água por dia.
Concluímos que, com a troca da bacia ecológica pela bacia não ecológica, o consumo diário de água para descarga cai de 60 litros para 24 litros. Ou seja, há economia diária de 36 litros de água, pois 60-24=36.

Alternativa correta: B.

QUESTÃO 2.8 - Tema. Medidas de volume em latas de refrigerante.

Questão 2.8 (Enem 2013). Nos Estados Unidos, a unidade de medida de volume mais utilizada em latas de refrigerante é a onça fluida (fl oz), que equivale a aproximadamente 2,95 centilitros (cL). Sabe-se que o centilitro é a centésima parte do litro e que a lata de refrigerante usualmente comercializada no Brasil tem capacidade de 355mL. Assim, a medida do volume da lata de refrigerante de 355 mL, em onça fluida (fl oz), é mais próxima de

a) 0,83
b) 1,20
c) 12,03
d) 104,73
e) 120,34

Análise do enunciado.
No enunciado, informa-se que uma onça fluida (fl oz) equivale a aproximadamente 2,95 centilitros (cL) e que cL é a centésima parte do litro.
Pede-se, em onça fluida (fl oz), a capacidade volumétrica de uma lata de refrigerante de 355mL.

Resolução da questão.
Sabemos que um mililitro (1mL) é a milésima parte do litro, ou seja, 1mL é igual a 0,001L.
Foi dito que um centilitro (1cL) é a centésima parte do litro, ou seja, 1cL é igual a 0,01L.
Logo, 1cL é dez vezes 1 mL. Ou seja, 1cL = 10mL.
Pela equivalência anterior, temos que 2,95 cL = 29,5mL.
Se uma onça fluida (fl oz) equivale a aproximadamente 2,95cL e se 2,95cL equivalem a 29,5mL, então 1fl oz = 29,5mL.
Se 1fl oz equivale a 29,5mL, para sabermos a capacidade volumétrica V uma lata de refrigerante de 355mL, fazemos a regra de três a seguir.

1 fl oz - 29,5 ml
V - 355 ml

Para acharmos o resultado V, fazemos a seguinte igualdade, vinda da multiplicação "em cruz" dos valores presentes no esquema anterior:

$$Vx29,5 = 1x355 \Rightarrow V = \frac{355}{29,5} \Rightarrow V = 12,03 \text{ fl oz}$$

Alternativa correta: C.

QUESTÃO 2.9 - Tema. Rolo de tela para cercar área de reflorestamento.

Questão 2.9 (Enem 2013). Para o reflorestamento de uma área, deve-se cercar totalmente, com tela, os lados de um terreno, exceto o lado margeado pelo rio, conforme a figura. Cada rolo de tela que será comprado para confecção da cerca contém 48 metros de comprimento.

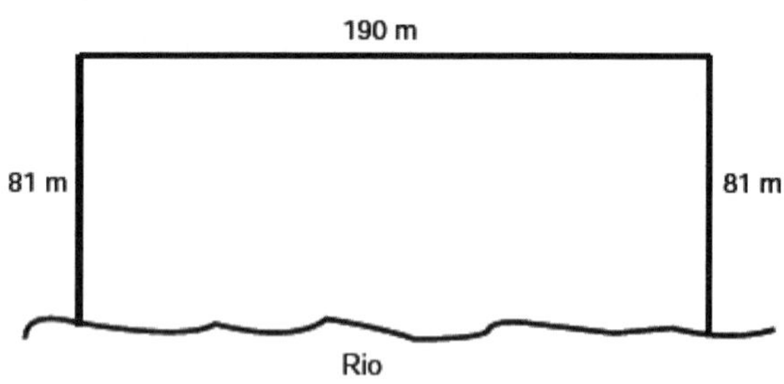

A quantidade mínima de rolos que deve ser comprada para cercar esse terreno é

a) 6.
b) 7.
c) 8.
d) 11.
e) 12.

Análise do enunciado.
No enunciado, é dada uma figura que mostra uma cerca formada por três lados: dois lados medem 81m e o outro lado mede 190m.
É dito que, para a confecção da rede, serão comprados rolos de tela e que "cada rolo de tela que será comprado para confecção da cerca contém 48 metros de comprimento".
Pede-se a quantidade mínima de rolos que deve ser comprada.

Resolução da questão.
Da figura, vemos que terá de ser feita uma cerca formada por três lados: dois lados medem 81m e o outro lado mede 190m. Logo, a cerca medirá 352m, pois

$$81+81+190 = 352$$

Um rolo de tela para a confecção da cerca contém 48 metros de comprimento. Para sabermos o número N de rolos necessários para se construir a cerca, fazemos a regra de três a seguir.

1 rolo - 48 metros N - 352 metros

Para acharmos o resultado N, fazemos a seguinte igualdade, vinda da multiplicação "em cruz" dos valores presentes no esquema anterior:

$$Nx48 = 1x352 \Rightarrow N = \frac{352}{48} \Rightarrow N = 7{,}33 \Rightarrow N = 8 \text{ rolos}$$

Como a quantidade de rolos é um número inteiro, não podemos comprar "7,33 rolos".
Se forem comprados 7 rolos, faltará material para o "fechamento" da cerca.
Logo, a quantidade mínima de rolos a ser comprada é 8.

Alternativa correta: C.

QUESTÃO 2.10 - Tema. Deterioração dos pisos das estradas com peso dos caminhões.

Questão 2.10 (Enem 2013). Um dos grandes problemas enfrentados nas rodovias brasileiras é o excesso de carga transportada pelos caminhões. Dimensionado para o tráfego dentro dos limites legais de carga, o piso das estradas se deteriora com o peso excessivo dos caminhões. Além disso, o excesso de carga interfere na capacidade de frenagem e no funcionamento da suspensão do veículo, causas frequentes de acidentes.

Ciente dessa responsabilidade e com base na experiência adquirida com pesagens, um caminhoneiro sabe que seu caminhão pode carregar, no máximo, 1.500 telhas ou 1.200 tijolos. Considerando esse caminhão carregado com 900 telhas, quantos tijolos, no máximo, podem ser acrescentados à carga de modo a não ultrapassar a carga máxima do caminhão?

a) 300 tijolos
b) 360 tijolos
c) 400 tijolos
d) 480 tijolos
e) 600 tijolos

Análise do enunciado.

No enunciado, informa-se que "um caminhoneiro sabe que seu caminhão pode carregar, no máximo, 1.500 telhas ou 1.200 tijolos".

Com base nesses valores, pede-se o número máximo de tijolos que podem ser acrescentados a esse caminhão se ele já estiver previamente carregado com 900 telhas.

Resolução da questão.

Vamos usar somente como referência (base de cálculo) o seguinte: um tijolo pesa 1 quilo (1kg).

Se um tijolo pesa 1kg, então 1.200 tijolos pesam 1.200kg.

Logo, para a referência utilizada, a carga máxima é de 1.200kg, equivalente, de acordo com o enunciado, a 1.500 telhas.

Para sabermos o peso P de uma telha, fazemos a regra de três a seguir.

1.500 telhas - 1.200 kg 1 telha - P

Para acharmos o resultado P, fazemos a seguinte igualdade, vinda da multiplicação "em cruz" dos valores presentes no esquema anterior:

$$1.500xP = 1x1.200 \Rightarrow P = \frac{1.200}{1.500} \Rightarrow P = 0,8 \text{ kg}$$

Logo, se um tijolo pesa 1kg, então uma telha pesa 0,8kg.
Se o caminhão já estiver previamente carregado com 900 telhas, ele estará carregando 720kg, conforme mostrado na regra de três a seguir.

1telhas - 0,8 kg 900 telha - X

$$1xX = 0,8x900 \Rightarrow X = 720 \text{ kg}$$

Como o peso máximo a ser transportado pelo caminhão é de 1.200kg e ele já está carregando 720kg (em telhas), ainda pode carregar 480kg, pois 1.200-720=480. Essa carga de 480kg que pode ser adicionada ao caminhão, conforme dito no enunciado, é composta por tijolos. Como um tijolo pesa 1kg, então 480kg de tijolos correspondem a 480 tijolos.

Alternativa correta: D.

QUESTÃO 2.11 - Tema. Reservatório de água em uma indústria.

Questão 2.11 (Enem 2013). Uma indústria tem um reservatório de água com capacidade para 900m^3. Quando há necessidade de limpeza do reservatório, toda a água precisa ser escoada. O escoamento da água é feito por seis ralos e dura 6 horas quando o reservatório está cheio. Essa indústria construirá um novo reservatório, com capacidade de 500m^3, cujo escoamento da água deverá ser realizado em 4 horas, quando o reservatório estiver cheio. Os ralos utilizados no novo reservatório deverão ser idênticos aos do já existente. A quantidade de ralos do novo reservatório deverá ser igual a

a) 2
a) 4
b) 5
c) 8
d) 9

Análise do enunciado.

No enunciado, informa-se que uma indústria conclui, em 6 horas, o escoamento completo da água de um reservatório, com capacidade para 900m^3, totalmente cheio. Para isso, usam-se 6 ralos. A indústria construirá um novo reservatório, com capacidade de 500m^3. O escoamento da água do novo reservatório totalmente cheio deverá ocorrer em 4 horas, por meio de ralos idênticos aos ralos do reservatório já existente.

Pede-se o número de ralos que devem ser instalados no novo reservatório.

Resolução da questão.

Em relação ao reservatório já existente, temos o que segue.

Devem ser escoados 900m^3 de água em 6 horas. Se essa taxa de escoamento for constante, temos a saída de 150m^3 de água por hora (150m^3/h), pois

$$\frac{900\ m^3}{6\ h} = 150\ m^3\ /\ h$$

Como há 6 ralos para a saída de 150m^3 de água por hora (150m^3/h), cada um deles escoa 25m^3 de água por hora (25m^3/h), pois $\frac{150\ m^3\ /\ h}{6\ ralos} = 25\ m^3\ /\ h\ \text{por ralo}$.

Se o reservatório novo estiver totalmente cheio, com 500m^3 de água, e tiver de ser esvaziado em 4 horas, à taxa constante, para sabermos o volume V retirado em 1 hora, fazemos a regra de três a seguir.

500m^3 - 4h V - 1h

Para acharmos o resultado V, fazemos a seguinte igualdade, vinda da multiplicação "em cruz" dos valores presentes no esquema anterior:

$$Vx4 = 500x1 \Rightarrow V = \frac{500}{4} \Rightarrow V = 125\ m^3$$

Logo, a taxa de retirada de água do novo reservatório é de 125m^3/h.
Como um ralo retira 25m^3 de água por hora (25m^3/h), são necessários 5 ralos para chegarmos ao total de 125m^3/h, conforme mostrado na regra de três a seguir.

25m^3 / h - 1 ralo 125m^3 - N

Para acharmos o resultado N, fazemos a seguinte igualdade, vinda da multiplicação "em cruz" dos valores presentes no esquema anterior:

$$Nx25 = 125x1 \Rightarrow N = \frac{125}{25} \Rightarrow N = 5\ \text{ralos}$$

Alternativa correta: C.

QUESTÃO 2.12 - Tema. Concreto para a construção de contrapiso.

Questão 2.12 (Enem 2013). Para se construir um contrapiso, é comum, na constituição do concreto, se utilizar cimento, areia e brita, na seguinte proporção: 1 parte de cimento, 4 partes de areia e 2 partes de brita. Para construir o contrapiso de uma garagem, uma construtora encomendou um caminhão betoneira com 14m^3 de concreto. Qual é o volume de cimento, em m^3, na carga de concreto trazido pela betoneira?

a) 1,75
b) 2,00
c) 2,33
d) 4,00
e) 8,00

Análise do enunciado.

Segundo o enunciado, o concreto usado em contrapisos é formado por cimento, areia e brita na seguinte proporção: 1 parte de cimento, 4 partes de areia e 2 partes de brita.

Pede-se, para uma carga de $14m^3$ de concreto, o volume de cimento, em m^3.

Resolução da questão.

Pelos dados do enunciado, vemos que $1m^3$ de cimento, $4m^3$ de areia e $2m^3$ de brita formam $7m^3$ de concreto, pois $1 + 4 + 2 = 7$. Ou seja, temos a seguinte proporção: $1m^3$ de cimento forma $7m^3$ de concreto.

O volume V de cimento relacionado a $14m^3$ de concreto é dado pela regra de três:

$1m^3$ de cimento - $7m^3$ de concreto V - $14m^3$ de concreto

Para acharmos o resultado V, fazemos a seguinte igualdade, vinda da multiplicação "em cruz" dos valores presentes no esquema anterior:

$$Vx7 = 14x1 \Rightarrow V = \frac{14}{7} \Rightarrow V = 2m^3 \text{ de cimento}$$

Alternativa correta: B.

QUESTÃO 2.13 - Tema. Consumo de café no Brasil em xícaras e em litros.

Questão 2.13 (Enem 2011). O consumo atingiu o maior nível na história no ano passado: os brasileiros beberam o equivalente a 331 bilhões de xícaras.

Veja. Ed. 2158, 31 mar. 2010.

Considere que a xícara citada na notícia seja equivalente a, aproximadamente, 120mL de café. Suponha que em 2010 os brasileiros bebam ainda mais café, aumentando o consumo em 1/5 do que foi consumido no ano anterior.

De acordo com essas informações, qual a previsão mais aproximada para o consumo de café em 2010?

a) 8 bilhões de litros.
b) 16 bilhões de litros.
c) 32 bilhões de litros.
d) 40 bilhões de litros.
e) 48 bilhões de litros.

Análise do enunciado.

No enunciado, informa-se que os brasileiros beberam 331 bilhões de xícaras de café em 2009 e que se estimou aumento de 1/5 nesse consumo para 2010. Sabendo-se que uma xícara seja equivalente a 120mL de café, pede-se a previsão para o consumo de café em 2010 no Brasil.

Resolução da questão.

As 331 bilhões de xícaras de café citadas no enunciado podem ser escritas como 331.000.000.000 xícaras de café. Se fizermos um quinto desse valor, ficamos com 66.200.000.000 xícaras, conforme mostrado a seguir.

$$\frac{1}{5} \text{ de } 331.000.000.000 = \frac{1}{5} x 331.000.000.000 = 66.200.000.000$$

Se somarmos 66.200.000.000 às 331.000.000.000 xícaras de café, ficamos, em 2010, com o consumo de 397.200.000.000 xícaras de café.
Visto uma xícara de café contém 0,120L de café (120mL de café), para calcularmos o volume V de café em 397.200.000.000, fazemos a regra de três a seguir.

1xícara - 0,120 L
397.200.000.000 xícaras - V

Para acharmos o resultado V, fazemos a seguinte igualdade, vinda da multiplicação "em cruz" dos valores presentes no esquema anterior:

$$1xV = 397.200.000.000x0,120$$
$$V = 47.664.000.000 \cong 48 \text{ bilhões}$$

Logo, a previsão aproximada para o consumo de café em 2010 é 48 bilhões de litros.
Alternativa correta: E.

QUESTÃO 2.14 - Tema. Quantidades de alimentos e bebidas para festas de fim de ano.

Questão 2.14 (Enem 2011). Observe as dicas para calcular a quantidade certa de alimentos e bebidas para as festas de fim de ano.

- Para o prato principal, estime 250 gramas de carne para cada pessoa.
- Um copo americano cheio de arroz rende o suficiente para quatro pessoas.
- Para a farofa, calcule quatro colheres de sopa por convidado.
- Uma garrafa de vinho serve seis pessoas.
- Uma garrafa de cerveja serve duas.
- Uma garrafa de espumante serve três convidados.

Quem organiza festas faz esses cálculos em cima do total de convidados, independentemente do gosto de cada um.
Quantidade certa de alimentos e bebidas evita o desperdício da ceia. **Jornal Hoje**. 17 dez. 2010 (com adaptações).
Um anfitrião decidiu seguir essas dicas ao se preparar para receber 30 convidados para a ceia de Natal. Para seguir essas orientações à risca, o anfitrião deverá dispor de

a) 120kg de carne, 7 copos americanos e meio de arroz, 120 colheres de sopa de farofa, 5 garrafas de vinho, 15 de cerveja e 10 de espumante.
b) 120kg de carne, 7 copos americanos e meio de arroz, 120 colheres de sopa de farofa, 5 garrafas de vinho, 30 de cerveja e 10 de espumante.
c) 75kg de carne, 7 copos americanos e meio de arroz, 120 colheres de sopa de farofa, 5 garrafas de vinho, 15 de cerveja e 10 de espumante.
d) 7,5kg de carne, 7 copos americanos de arroz, 120 colheres de sopa de farofa, 5 garrafas de vinho, 30 de cerveja e 10 de espumante.
e) 7,5kg de carne, 7 copos americanos e meio de arroz, 120 colheres de sopa de farofa, 5 garrafas de vinho, 15 de cerveja e 10 de espumante.

Análise do enunciado.

No enunciado, são dadas as proporções a seguir para determinarmos as quantidades de alimentos e bebidas em festas de fim de ano.

- 250g carne por pessoa.
- 1 copo americano cheio de arroz para 4 pessoas.
- 4 colheres de sopa de farofa por pessoa.
- 1 garrafa de vinho para 6 pessoas.
- 1 garrafa de cerveja para 2 pessoas.
- 1 garrafa de espumante para 3 pessoas.

Pedem-se as quantidades de cada item para uma ceia de Natal com 30 pessoas.

Resolução da questão.

Vamos calcular as quantidades de cada item para uma ceia de Natal com 30 pessoas.

Carne.

São necessários 250g de carne por pessoa. Para sabermos a quantidade Q1 de carne necessária para 30 pessoas, fazemos a regra de três a seguir.

1 pessoa - 250g 30 pessoas - Q1

Para acharmos o resultado Q1, fazemos a seguinte igualdade, vinda da multiplicação "em cruz" dos valores presentes no esquema anterior:

$$1xQ1 = 30x250 \Rightarrow Q1 = \frac{7.500}{1} \Rightarrow Q1 = 7.500 \text{ g ou } 7{,}5 \text{ kg}$$

Logo, para 30 pessoas, são necessários 7,5kg de carne (7.500g).

Arroz.

É necessário 1 copo de arroz para 4 pessoas. Para sabermos a quantidade Q2 de copos de arroz necessários para 30 pessoas, fazemos a regra de três a seguir.

4 pessoas - 1 copo 30 pessoas - Q2

Para acharmos o resultado Q2, fazemos a seguinte igualdade, vinda da multiplicação "em cruz" dos valores presentes no esquema anterior:

$$4xQ2 = 30x1 \Rightarrow Q2 = \frac{30}{4} \Rightarrow Q2 = 7{,}5 \text{ copos}$$

Logo, para 30 pessoas, são necessários 7,5 copos de arroz.

Farofa.

São necessárias 4 colheres de farofa por pessoa. Para sabermos a quantidade Q3 de colheres de farofa necessárias para 30 pessoas, fazemos a regra de três a seguir.

1 pessoas - 4 colheres 30 pessoas - Q3

Para acharmos o resultado Q3, fazemos a seguinte igualdade, vinda da multiplicação "em cruz" dos valores presentes no esquema anterior:

$$1xQ3 = 30x4 \Rightarrow Q3 = \frac{120}{1} \Rightarrow Q3 = 120 \text{ colheres}$$

Logo, para 30 pessoas, são necessárias 120 colheres de farofa.

Vinho.

Uma garrafa de vinho serve 6 pessoas. Para sabermos a quantidade Q4 de garrafas de vinho necessárias para 30 pessoas, fazemos a regra de três a seguir.

6 pessoas - 1 garrafa 30 pessoas - Q4

Para acharmos o resultado Q4, fazemos a seguinte igualdade, vinda da multiplicação "em cruz" dos valores presentes no esquema anterior:

$$6xQ4 = 30x1 \Rightarrow Q4 = \frac{30}{6} \Rightarrow Q4 = 5 \text{ garrafas}$$

Logo, para 30 pessoas, são necessárias 5 garrafas de vinho.

Cerveja.

Uma garrafa de cerveja serve 2 pessoas. Para sabermos a quantidade Q5 de garrafas de cerveja necessárias para 30 pessoas, fazemos a regra de três a seguir.

2 pessoas - 1 garrafa
30 pessoas - Q5

Para acharmos o resultado Q5, fazemos a seguinte igualdade, vinda da multiplicação "em cruz" dos valores presentes no esquema anterior:

$$2xQ5 = 30x1 \Rightarrow Q5 = \frac{30}{2} \Rightarrow Q5 = 15 \text{ garrafas}$$

Logo, para 30 pessoas, são necessárias 15 garrafas de cerveja.

Espumante.

Uma garrafa de espumante serve 3 pessoas. Para sabermos a quantidade Q6 de garrafas de espumante necessárias para 30 pessoas, fazemos a regra de três a seguir.

3 pessoas - 1 garrafa
30 pessoas - Q6

Para acharmos o resultado Q6, fazemos a seguinte igualdade, vinda da multiplicação "em cruz" dos valores presentes no esquema anterior:

$$3xQ6 = 30x1 \Rightarrow Q6 = \frac{30}{3} \Rightarrow Q6 = 10 \text{ garrafas}$$

Logo, para 30 pessoas, são necessárias 10 garrafas de espumante.

Alternativa correta: E.

QUESTÃO 2.15 - Tema. Queima de calorias em atividades diárias.

Questão 2.15 (Enem 2011). Você pode adaptar as atividades do seu dia a dia de uma forma que possa queimar mais calorias do que as gastas normalmente, conforme a relação seguinte.

- Enquanto você fala ao telefone, faça agachamentos: 100 calorias gastas em 20 minutos.
- Meia hora de supermercado: 100 calorias.
- Cuidar do jardim por 30 minutos: 200 calorias.
- Passear com o cachorro: 200 calorias em 30 minutos.
- Tirar o pó dos móveis: 150 calorias em 30 minutos.
- Lavar roupas por 30 minutos: 200 calorias.

Disponível em: http://cyberdiet.terra.com.br. Acesso em: 27 abr. 2010 (adaptado).

Uma pessoa deseja executar essas atividades, porém, ajustando o tempo para que, em cada uma, gaste igualmente 200 calorias.
A partir dos ajustes, quanto tempo a mais será necessário para realizar todas as atividades?

a) 50 minutos.
b) 60 minutos.
c) 80 minutos.
d) 120 minutos.
e) 170 minutos.

Análise do enunciado.
No enunciado, são dadas quantidades de calorias que uma pessoa pode gastar com a adaptação de atividades do seu dia a dia, conforme segue.

- 100 calorias em 20 minutos fazendo agachamentos enquanto fala ao telefone.
- 100 calorias em 30 minutos fazendo compras no supermercado.
- 200 calorias em 30 minutos cuidando do jardim.

- 200 calorias em 30 minutos passeando com o cachorro.
- 150 calorias em 30 minutos tirando o pó dos móveis.

É dito que uma pessoa quer executar essas atividades, mas ajustando o tempo para que, em cada uma, gaste igualmente 200 calorias.
Pede-se o tempo a mais que será necessário para realizar todas as atividades com o ajuste de tempo.

Resolução da questão.
Vamos calcular, para cada atividade, o tempo necessário para que sejam gastas 200 calorias.

Agachamentos enquanto se fala ao telefone.
Nessa atividade, são gastas 100 calorias em 20 minutos.
Para sabermos o tempo T1 necessário para que sejam gastas 200 calorias, fazemos a regra de três a seguir.

100 calorias - 20 min 200 calorias - T1

Para acharmos o resultado T1, fazemos a seguinte igualdade, vinda da multiplicação "em cruz" dos valores presentes no esquema anterior:

$$100 \text{x} T1 = 200 \text{x} 20 \Rightarrow T1 = \frac{4.000}{100} \Rightarrow T1 = 40 \text{ min}$$

Logo, o tempo a mais para que sejam gastas 200 calorias fazendo agachamentos enquanto se fala ao telefone é de 20 minutos, pois 40-20=20.

Fazendo compras no supermercado.
Nessa atividade, são gastas 100 calorias em 30 minutos.
Para sabermos o tempo T2 necessário para que sejam gastas 200 calorias, fazemos a regra de três a seguir.

100 calorias - 30 min 200 calorias - T2

Para acharmos o resultado T2, fazemos a seguinte igualdade, vinda da multiplicação "em cruz" dos valores presentes no esquema anterior:

$$100xT2 = 200x30 \Rightarrow T2 = \frac{6.000}{100} \Rightarrow T1 = 60 \text{ min}$$

Logo, o tempo a mais para que sejam gastas 200 calorias fazendo compras no supermercado é de 30 minutos, pois 60-30=30.

Cuidando do jardim.
Nessa atividade, já são gastas 200 calorias em 30 minutos.
Logo, não há tempo a mais para que sejam gastas 200 calorias cuidando do jardim.

Passeando com o cachorro.
Nessa atividade, já são gastas 200 calorias em 30 minutos.
Logo, não há tempo a mais para que sejam gastas 200 calorias passeando com o cachorro.

Tirando pó de móveis.
Nessa atividade, são gastas 150 calorias em 30 minutos.
Para sabermos o tempo T3 necessário para que sejam gastas 200 calorias, fazemos a regra de três a seguir.

150 calorias - 30 min 200 calorias - T3

Para acharmos o resultado T3, fazemos a seguinte igualdade, vinda da multiplicação "em cruz" dos valores presentes no esquema anterior:

$$150xT3 = 200x30 \Rightarrow T3 = \frac{6.000}{150} \Rightarrow T3 = 40 \text{ min}$$

Logo, o tempo a mais para que sejam gastas 200 calorias tirando pó de móveis é de 10 minutos, pois 40-30=10.

Conclusão.
Os tempos "a mais" para que sejam gastas 200 calorias nas atividades diárias são os seguintes: 20 minutos "a mais" fazendo agachamentos enquanto se fala ao telefone, 30 minutos "a mais" fazendo compras no supermercado e 10 minutos "a mais" tirando pó de móveis. Logo, seriam gastos 60 minutos a mais, pois 20+30+10=60.

Alternativa correta: B.

QUESTÃO 2.16 - Tema. Consumo de energia elétrica e células solares.

Questão 2.16 (Enem 2014). Diariamente, uma residência consome 20.160Wh. Essa residência possui 100 células solares retangulares (dispositivos capazes de converter a luz solar em energia elétrica) de dimensões 6 cm x 8 cm. Cada uma das tais células produz, ao longo do dia, 24Wh por centímetro de diagonal. O proprietário dessa residência quer produzir, por dia, exatamente a mesma quantidade de energia que sua casa consome.

Qual deve ser a ação desse proprietário para que ele atinja o seu objetivo?

a) Retirar 16 células.
b) Retirar 40 células.
c) Acrescentar 5 células.
d) Acrescentar 20 células.
e) Acrescentar 40 células.

Análise do enunciado.
Segundo o enunciado, uma residência que consome diariamente 20.160Wh tem 100 células solares retangulares de dimensões 6cm x 8cm. Pede-se a ação a ser tomada pelo proprietário dessa residência para que seja produzida, diariamente, a mesma quantidade de energia que sua casa consome.

Resolução da questão.

Na figura a seguir, temos a representação de uma célula solar retangular de dimensões 6cm x 8cm.

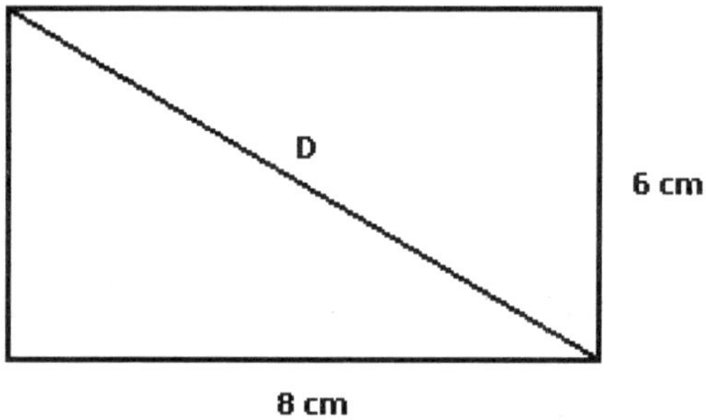

A diagonal D da célula retangular é dada pela raiz quadrada da soma de cada lado elevado ao quadrado, conforme segue.

$$D=\sqrt{6^2+8^2}=\sqrt{36+64}=\sqrt{100}=10 \Rightarrow D=10cm$$

É dito que uma célula produz, ao longo do dia, 24Wh por centímetro de diagonal. Como a célula tem 10cm de diagonal, ela produz, diariamente, 240Wh, que é o produto (multiplicação) de 24Wh/cm por 10cm (24x10=240).

O objetivo é produzir, diariamente, a mesma quantidade de energia que a residência consome, ou seja, 20.160Wh.

Para sabermos o número N de células solares necessárias para a produção de 20.160Wh por dia, podemos fazer a regra de três a seguir, que pode ser lida assim: "1 célula produz 240Wh assim como N células produzem 20.160Wh".

1 - 240 Wh
N - 20.160 Wh

Para acharmos o resultado N, fazemos a seguinte igualdade, vinda da multiplicação "em cruz" dos valores presentes no esquema anterior:

$$Nx240 = 1x20.160 \Rightarrow N = \frac{20.160}{240} \Rightarrow N = 84 \text{ células}$$

Como há 100 células, há excesso de 16 células, valor dado pela diferença (subtração) entre 100 e 84 (100-84=16).
Logo, a ação do proprietário deve ser a retirada de 16 células.

Alternativa correta: A.

CAPÍTULO 3

PERCENTUAIS

Referências a valores percentuais estão presentes no nosso dia a dia, por exemplo, em notícias sobre o percentual de aumento de determinada doença, em anúncios de taxas de juros na venda de automóveis, em propagandas que divulgam descontos em liquidações de eletrodomésticos ou em charges, como a mostrada na figura 3.1.

Figura 3.1. Charge usando o conceito de percentual.
Disponível em <http://willtirando.zip.net/images/Percentual.jpg>. Acesso em 16 abr. 2015.

Para entendermos melhor esse tema, vamos pensar nos exemplos a seguir, que tratam, por meio de situações concretas, de vários casos de uso de percentuais.

Exemplo 3.1. Clara e Ana são colegas de trabalho e ambas recebem o mesmo salário de R$5.000,00. Se elas tiverem 25% de aumento, quanto passam a ganhar?

O aumento de 25% corresponde a "25 em 100" ou a "25/100", ou seja, corresponde ao fator 0,25.

Assim, para sabermos quanto é 25% de R$5.000,00, basta multiplicarmos 5.000 por 25/100, ou seja, pelo fator 0,25, conforme mostrado a seguir.

$$25\% \text{ de } R\$\,5.000,00 = 5.000x\frac{25}{100} = 5.000x0,25 = 1.250\ (R\$\,1.250,00)$$

Logo, 25% de R$5.000,00 são R$1.250,00.
Concluímos que Clara e Ana tiveram R$1.250,00 de aumento e passam a ganhar o salário de R$6.250,00, que é a soma do salário anterior de R$5.000,00 com o aumento de R$1.250,00 (5.000+1.250=6.250).

Exemplo 3.2. Júlia e Luíza são colegas de trabalho, sendo que Júlia recebe salário de R$5.000,00 e Luíza recebe salário de R$2.000,00. Se elas tiverem 25% de aumento, quanto cada uma delas passa a ganhar?

O caso de Júlia é idêntico aos casos de Clara e Ana, vistos na situação 1. Logo, Júlia teve R$1.250,00 de aumento e passa a ganhar o salário de R$6.250,00.
Vamos ao caso de Luíza, que recebeu 25% de aumento em relação ao salário inicial de R$2.000,00.
O aumento de 25% corresponde a "25 em 100" ou a "25/100", ou seja, corresponde ao fator 0,25.
Assim, para sabermos quanto é 25% de R$2.000,00, basta multiplicarmos 2.000 por 25/100, ou seja, pelo fator 0,25, conforme mostrado a seguir.

$$25\% \text{ de } R\$\,2.000,00 = 2.000x\frac{25}{100} = 2.000x0,25 = 500\ (R\$\ 500,00)$$

Logo, 25% de R$2.000,00 são R$500,00.
Concluímos que Luíza teve R$500,00 de aumento em termos absolutos e passa a ganhar R$2.500,00, que é a soma do salário anterior de R$2.000,00 com o aumento de R$500,00 (2.000+500=2.500).
Como Júlia tem salário superior ao de Luíza e ambas tiveram o mesmo percentual de aumento, já esperávamos que o aumento absoluto do salário de Júlia (R$1.250,00) fosse maior do que o aumento absoluto do salário de Luíza (R$500,00).

Exemplo 3.3. Karen e Rafael são colegas de trabalho, sendo que Karen recebe salário de R$4.000,00 e Rafael recebe salário de R$4.500,00. Em virtude de seu desempenho, Karen teve 40% de aumento. Já Rafael teve 20% de aumento. Quanto cada um deles passa a ganhar?

Vamos analisar, inicialmente, o caso de Karen.
O aumento de 40% de Karen corresponde a "40 em 100" ou a "40/100", ou seja, corresponde ao fator 0,40.
Assim, para sabermos quanto é 40% de R$4.000,00 (salário inicial de Karen), basta multiplicarmos 4.000 por 40/100, ou seja, pelo fator 0,40, conforme mostrado a seguir.

$$40\% \text{ de } R\$4.000{,}00 = 4.000\text{x}\frac{40}{100} = 4.000\text{x}0{,}40 = 1.600 \; (R\$1.600{,}00)$$

Logo, 40% de R$4.000,00 são R$1.600,00.
Concluímos que Karen teve R$1.600,00 de aumento em termos absolutos e passa a ganhar R$5.600,00, que é a soma do salário anterior de R$4.000,00 com o aumento de R$1.600,00.
Agora, vamos analisar o caso de Rafael.
O aumento de 20% no salário de Rafael corresponde a "20 em 100" ou a "20/100", ou seja, corresponde ao fator 0,20.
Assim, para sabermos quanto é 20% de R$4.500,00 (salário inicial de Rafael), basta multiplicarmos 4.500 por 20/100, ou seja, pelo fator 0,20, conforme mostrado a seguir.

$$20\% \text{ de } R\$4.500{,}00 = 4.500\text{x}\frac{20}{100} = 4.500\text{x}0{,}20 = 900 \; (R\$900{,}00)$$

Logo, 20% de R$4.500,00 são R$900,00.
Concluímos que Rafael teve R$900,00 de aumento e passa a ganhar R$5.400,00, que é a soma do salário anterior de R$4.500,00 com o aumento de R$900,00.
Para a situação 3, vale a pena fazermos os comentários a seguir.

- Embora o salário inicial de Karen (R$4.000,00) fosse inferior ao de Rafael (R$4.500,00), o aumento de 40% (equivalente ao valor absoluto de R$1.600,00) no salário de Karen e o aumento de 20% (equivalente ao valor absoluto de R$900,00) no salário de Rafael fazem com que ela passe a ganhar mais do que ele.

- Embora Karen tenha recebido o dobro do aumento percentual de Rafael (40% para ela e 20% para ele), Karen não passa a receber em termos absolutos, o dobro do salário do Rafael (R$5.600,00 para ela e R$5.400,00 para ele), pois esses percentuais incidem em referências diferentes (R$4.000,00 de Karen e R$4.500,00 de Rafael).

Exemplo 3.4. Liz recebe salário de R$3.000,00 e teve aumento de R$480,00. Quanto Liz passa a ganhar? Qual foi o aumento percentual de salário que Liz recebeu?

Se Liz ganhava R$3.000,00 e teve R$480,00 de aumento, passa a ganhar R$3.480,00, que é a soma de R$3.000,00 com R$480,00.
Ela teve aumento de R$480,00 sobre o valor de referência de R$3.000,00. Para sabermos quanto isso vale em termos percentuais, precisamos dividir o aumento absoluto de R$480,00 pela referência de R$3.000,00 e multiplicar o resultado por 100%, conforme segue.

$$\text{Aumento percentual de Liz} = \frac{480}{3.000}.100\% = 16\%$$

Logo, o aumento de R$480,00 em R$3.000,00 significa 16% de aumento no salário de Liz.

Exemplo 3.5. Tatiana e Marco são colegas de trabalho, sendo que Tatiana recebe o salário de R$2.000,00 e Marco recebe o salário de R$3.000,00. Tatiana teve aumento e passa a receber R$2.600,00. Qual foi o aumento percentual de salário que Tatiana recebeu? Se Marco receber o mesmo aumento percentual de salário que Tatiana, quanto ele passa a ganhar?

Vamos analisar, inicialmente, o caso de Tatiana.

Se Tatiana ganhava R$2.000,00 e passa a ganhar R$2.600,00, ela teve R$600,00 de aumento absoluto, que é a diferença (subtração) entre R$2.600,00 e R$2.000,00. Ela teve aumento de R$600,00 sobre o valor de referência de R$2.000,00. Para sabermos quanto isso vale em termos percentuais, precisamos dividir o aumento absoluto de R$600,00 pela referência de R$2.000,00 e multiplicar o resultado por 100%, conforme segue.

$$\text{Aumento percentual de Tatiana} = \frac{600}{2.000}.100\% = 30\%$$

Logo, o aumento de R$600,00 em R$2.000,00 significa 30% de aumento no salário de Tatiana.

Agora, vamos analisar o caso de Marco.

Se ele teve o mesmo aumento percentual de salário que Tatiana, ele teve 30% de aumento, que correspondem a "30 em 100" ou a "30/100", ou seja, correspondem ao fator 0,30.

Assim, para sabermos quanto é 30% de R$3.000,00 (salário inicial de Marco), basta multiplicarmos 3.000 por 30/100, ou seja, pelo fator 0,30, conforme mostrado a seguir.

$$30\% \text{ de } R\$3.000,00 = 3.000x\frac{30}{100} = 3.000x0,30 = 900 \ (R\$\,900,00)$$

Logo, 30% de R$3.000,00 são R$900,00 e Marco passa a ganhar o salário de R$3.900,00, que é a soma de R$3.000,00 com R$900,00.

As situações estudadas serão úteis na resolução das questões 3.1 a 3.23.

QUESTÃO 3.1 - Tema. Venda de lote de ações e pagamento de Imposto de Renda.

Questão 3.1 (Enem 2013). O contribuinte que vende mais de R$20 mil de ações em Bolsa de Valores em um mês deverá pagar Imposto de Renda. O pagamento para a Receita Federal consistirá em 15% do lucro obtido com a venda das ações.
Disponível em: www1.folha.uol.com.br. Acesso em: 26 abr. 2010 (adaptado).
Um contribuinte que vende por R$34 mil um lote de ações que custou R$26 mil terá de pagar de Imposto de Renda à Receita Federal o valor de

a) R$900,00
b) R$1.200,00
c) R$2.100,00
d) R$3.900,00
e) R$5.100,00

Análise do enunciado.
No enunciado, informa-se que o contribuinte que vende mais de R$20 mil de ações em Bolsa de Valores em um mês terá de pagar Imposto de Renda de 15% do lucro obtido. Pede-se o valor de imposto a ser pago por um contribuinte que vende por R$34 mil um lote de ações que custou R$26 mil.

Resolução da questão.
O contribuinte comprou o lote de ações por R$26 mil e vendeu-o por R$34 mil. Seu lucro foi de R$8 mil, que é a diferença entre R$34 mil e R$26 mil (34-26=8). Ele pagará imposto de R$1,2 mil (R$1.200,00), que é 15% do lucro de R$ 8mil, conforme mostrado a seguir.

$$15\% \text{ de R\$ 8 mil} = 8x\frac{15}{100} = 8x0{,}15 = 1{,}2 \text{ (R\$1,2 mil ou R\$ 1.200,00)}$$

Logo, um contribuinte que vende por R$34 mil um lote de ações que custou R$26 mil terá de pagar de Imposto de Renda à Receita Federal o valor de R$1.200,00

Alternativa correta: B.

QUESTÃO 3.2 - Tema. Dimensionamento de uma ponte.

Questão 3.2 (Enem 2014). Uma ponte precisa ser dimensionada para ter três pontos de sustentação. Sabe-se que a carga máxima suportada pela ponte será de 12t. O ponto de sustentação central receberá 60% da carga da ponte e o restante da carga será distribuído igualmente entre os outros dois pontos de sustentação. No caso de carga máxima, as cargas recebidas pelos três pontos de sustentação serão, respectivamente,

a) 1,8t; 8,4t; 1,8t.
b) 3,0t; 6,0t; 3,0t.
c) 2,4t; 7,2t; 2,4t.
d) 3,6t; 4,8t; 3,6t.
e) 4,2t; 3,6t; 4,2t.

Análise do enunciado.
No enunciado, é dito que uma ponte, com três pontos de sustentação, tem de suportar carga máxima de 12 toneladas (12t), com a seguinte distribuição: o ponto de sustentação central recebe 60% da carga e os outros dois pontos de sustentação recebem o restante da carga aplicado igualmente. Pedem-se as cargas nos três pontos de sustentação.

Resolução da questão.
Foi dito que o ponto central da ponte recebe 60% da carga máxima e que os 40% restantes são igualmente distribuídos nos outros dois pontos de sustentação, ou seja, 20% da carga máxima em cada um dos dois outros pontos.
Assim, precisamos calcular 60% da carga máxima (60% de 12t) e 20% da carga máxima (20% de 12t) para sabermos as cargas em cada um dos três pontos.

Vejamos:

$$60\% \text{ de } 12 \text{ t} = 12\text{x}\frac{60}{100} = 12\text{x}0,60 = 7,2\,(7,2 \text{ t})$$

$$20\% \text{ de } 12 = 12\text{x}\frac{20}{100} = 12\text{x}0,20 = 2,4\,(2,4 \text{ t})$$

Se chamarmos de ponto 1 o primeiro ponto, de ponto 2 o ponto central e de ponto 3 o terceiro ponto, ficamos com o que segue.

- Ponto 1: sustenta 2,4t (20% da carga máxima de 12t)
- Ponto 2: sustenta 7,2t (60% da carga máxima de 12t)
- Ponto 3: sustenta 2,4t (20% da carga máxima de 12t)

Vemos que a soma das cargas nos pontos 1, 2 e 3, ou seja, (2,4t+7,2t+2,4t), resulta em 12t, que é a carga total.

Alternativa correta: C.

QUESTÃO 3.3 - Tema. Campanhas de incentivo à doação voluntária de sangue.

Questão 3.3 (Enem 2014). O Ministério da Saúde e as unidades federadas promovem frequentemente campanhas nacionais e locais de incentivo à doação voluntária de sangue, em regiões com menor número de doadores por habitante, com o intuito de manter a regularidade de estoques nos serviços hemoterápicos. Em 2010, foram recolhidos dados sobre o número de doadores e o número de habitantes de cada região conforme o quadro seguinte.

Taxa de doação de sangue, por região, em 2010			
Região	**Doadores**	**Número de habitantes**	**Doadores/habitantes**
Nordeste	820.959	53.081.950	1,5%
Norte	232.079	15.864.454	1,5%
Sudeste	1.521.766	80.364.410	1,9%
Centro-Oeste	362.334	14.058.094	2,6%
Sul	690.391	27.386.891	2,5%
Total	3.627.529	190.755.799	1,9%

Os resultados obtidos permitiram que estados, municípios e o governo federal estabelecessem as regiões prioritárias do país para a intensificação das campanhas de doação de sangue. A campanha deveria ser intensificada nas regiões em que o percentual de doadores por habitantes fosse menor ou igual ao do país.

Disponível em: http://bvsms.saude.gov.br. Acesso em: 2 ago. 2013 (adaptado).

As regiões brasileiras onde foram intensificadas as campanhas na época são

a) Norte, Centro-Oeste e Sul.
b) Norte, Nordeste e Sudeste.
c) Nordeste, Norte e Sul.
d) Nordeste, Sudeste e Sul.
e) Centro-Oeste, Sul e Sudeste.

Análise do enunciado.

No enunciado, é fornecido um quadro que mostra, em 2010, o número de doadores de sangue e o número de habitantes de cada região do Brasil. Informa-se que as campanhas de doação de sangue devem ser intensificadas nas regiões em que o percentual de doadores por habitantes é menor ou igual ao do país e pede-se para que essas regiões sejam identificadas.

Resolução da questão.

Na última linha e última coluna do quadro, lemos diretamente que o percentual dos doadores de sangue no Brasil, em 2010, é 1,9%.

Também lemos diretamente, na última coluna do quadro, que as regiões com percentuais de doadores menores ou iguais a 1,9% são o Nordeste (1,5%), o

Norte (1,5%) e o Sudeste (1,9%).

Alternativa correta: B.

QUESTÃO 3.4 - Tema. Desempenho de jogadores em jogo de boliche.

Questão 3.4 (Enem 2014). Boliche é um jogo em que se arremessa uma bola sobre uma pista para atingir dez pinos, dispostos em uma formação de base triangular, buscando derrubar o maior número de pinos. A razão entre o total de vezes em que o jogador derruba todos os pinos e o número de jogadas determina seu desempenho.

Em uma disputa entre cinco jogadores, foram obtidos os seguintes resultados.

- Jogador I – Derrubou todos os pinos 50 vezes em 85 jogadas.
- Jogador II – Derrubou todos os pinos 40 vezes em 65 jogadas.
- Jogador III – Derrubou todos os pinos 20 vezes em 65 jogadas.
- Jogador IV – Derrubou todos os pinos 30 vezes em 40 jogadas.
- Jogador V – Derrubou todos os pinos 48 vezes em 90 jogadas.

Qual desses jogadores apresentou maior desempenho?

a) I
b) II
c) III
d) IV
e) V

Análise do enunciado.

No enunciado, são dados, para cinco jogadores de boliche (indicados por I, II, III, IV e V), os números de pinos derrubados e os números de jogadas realizadas. Pede-se o jogador com maior desempenho.

Resolução da questão.

Para calcularmos o desempenho percentual do jogador, fazemos a divisão do número de pinos derrubados pelo número de jogadas realizadas e multiplicamos esse valor por 100%.

A seguir, estão mostrados, com seus respectivos cálculos, os desempenhos percentuais de cada um dos cinco jogadores.

- Jogador I: 59% de acertos, pois derrubou 50 pinos em 85 jogadas e $\frac{50}{85} x100\% = 59\%$.

- Jogador II: 62% de acertos, pois derrubou 40 pinos em 65 jogadas e $\frac{40}{65} x100\% = 62\%$.

- Jogador III: 31% de acertos, pois derrubou 20 pinos em 65 jogadas e $\frac{20}{65} x100\% = 31\%$.

- Jogador IV: 75% de acertos, pois derrubou 30 pinos em 40 jogadas e $\frac{30}{40} x100\% = 75\%$.

- Jogador IV: 53% de acertos, pois derrubou 48 pinos em 80 jogadas e $\frac{48}{90} x100\% = 53\%$.

Logo, o jogador IV foi quem obteve o maior desempenho percentual (75% de acertos).

Alternativa correta: D.

QUESTÃO 3.5 - Tema. Remarcação de produtos em loja.

Questão 3.5 (Enem 2013). Para aumentar as vendas no início do ano, uma loja de departamentos remarcou os preços de seus produtos 20% abaixo do preço original. Quando chegam ao caixa, os clientes que possuem o cartão fidelidade da loja têm direito a um desconto adicional de 10% sobre o valor total de suas compras.

Um cliente deseja comprar um produto que custava R$50,00 antes da remarcação de preços. Ele não possui o cartão fidelidade da loja. Caso esse cliente possuísse o cartão fidelidade da loja, a economia adicional que obteria ao efetuar a compra, em reais, seria de

a) 15,00
b) 14,00
c) 10,00
d) 5,00
e) 4,00

Análise do enunciado.

No enunciado, é dito que uma loja de departamentos diminuiu em 20% o preço de seus produtos e que, se o cliente dispõe de cartão fidelidade, tem desconto adicional de 10% sobre o valor total das compras.

É dito que um cliente deseja comprar um produto que custava R$ 50,00 antes da remarcação e que ele não tem o cartão fidelidade da loja. Pede-se a economia adicional que ele obteria, em reais, se tivesse esse cartão.

Resolução da questão.

Um produto que custava inicialmente R$50,00 e tem desconto de 20% passa a custar R$40,00, pois 20% de R$50,00 são R$10,00 e o resultado de R$50,00 menos R$10,00 é R$40,00, conforme mostrado a seguir.

$$20\% \text{ de R\$ } 50{,}00 = 50\text{x}\frac{20}{100} = 50\text{x}0{,}20 = 10 \text{ (R\$ } 10{,}00)$$

R$ 50,00 - R$ 10,00 = RS 40,00

Logo, um cliente que não tem o cartão fidelidade paga R$40,00 pelo produto que antes do desconto custava R$50,00.
Caso o cliente tivesse o cartão fidelidade, teria desconto de 10% sobre R$40,00, o que corresponde, em termos absolutos, a R$4,00 de economia adicional, conforme mostrado a seguir.

$$10\% \text{ de R\$ } 40{,}00 = 40x\frac{10}{100} = 40x0{,}10 = 4 \text{ (R\$ } 4{,}00)$$

Alternativa correta: E.

QUESTÃO 3.6 - Tema. Opções de pagamento na aquisição de um terreno.

Questão 3.6 (Enem 2012). Arthur deseja comprar um terreno de Cléber, que lhe oferece as seguintes possibilidades de pagamento.

- Opção 1: Pagar à vista, por R$55.000,00.
- Opção 2: Pagar a prazo, dando uma entrada de R$30.000,00 e mais uma prestação de R$26.000,00 para dali a 6 meses.
- Opção 3: Pagar a prazo, dando uma entrada de R$20.000,00, mais uma prestação de R$20.000,00 para dali a 6 meses e outra de R$18.000,00 para dali a 12 meses da data da compra.
- Opção 4: Pagar a prazo dando uma entrada de R$15.000,00 e o restante em 1 ano da data da compra, pagando R$39.000,00.
- Opção 5: Pagar a prazo, dali a um ano, o valor de R$60.000,00.

Arthur tem o dinheiro para pagar à vista, mas avalia se não seria melhor aplicar o dinheiro do valor à vista (ou até um valor menor) em um investimento, com rentabilidade de 10% ao semestre, resgatando os valores à medida que as prestações da opção escolhida fossem vencendo. Após avaliar a situação do ponto de vista financeiro e das condições apresentadas, Arthur concluiu que era mais vantajoso financeiramente escolher a opção

a) 1
b) 2
c) 3
d) 4
e) 5

Análise do enunciado.
No enunciado, é dito que Arthur deseja comprar um terreno de Cléber. Ele tem dinheiro para pagamento à vista, mas estuda opções de pagamento a prazo, com a aplicação da quantia não gasta em um investimento que rende 10% ao semestre.

Resolução da questão.
Vamos analisar cada uma das opções que Arthur tem para a compra do terreno de Cléber.

Opção 1. Pagamento à vista no valor de R$55.000,00.
Nesse caso, Arthur desembolsa de uma única vez R$55.000,00, fica sem saldo devedor e não faz investimento em aplicação financeira.

Opção 2. Pagamento a prazo, com entrada de R$30.000,00 e uma prestação de R$26.000,00 para dali a 6 meses.
Nesse caso, Arthur desembolsa, inicialmente, R$30.000,00 e, depois de 6 meses, desembolsa mais R$26.000,00.
Como Arthur tem R$55.000,00 e desembolsa, inicialmente, R$30.000,00, ele fica com R$25.000,00 para investir em aplicação que rende 10% ao semestre.
Dez por cento de R$25.000,00 são R$2.500,00, pois

$$10\% \text{ de R\$ } 25.000{,}00 = 25.000 \text{x} \frac{10}{100} = 25.000 \text{x} 0{,}10 = 2.500 \text{ (R\$2.500,00)}$$

Ou seja, aplicando R$25.000,00 em investimento que rende 10% ao semestre por 6 meses (um semestre), Arthur fica com R$27.500,00, pois 25.000 + 2.500 = 27.500

Logo, na opção 2, depois de 6 meses, Arthur tem saldo de R$27.500,00 em virtude do investimento financeiro e paga parcela R$26.000,00 para Cléber. Assim, Arthur ainda fica com R$1.500,00, que é a diferença entre R$27.500,00 e R$26.000,00 (27.500 - 26.000 = 1.500).

Opção 3. Pagamento a prazo, com entrada de R$20.000,00, uma prestação de R$20.000,00 para dali a 6 meses e outra prestação de R$18.000,00 para dali a 12 meses da data da compra.

Nesse caso, Arthur desembolsa, inicialmente, R$20.000,00; depois de 6 meses, desembolsa mais R$20.000,00; e, depois de 12 meses, desembolsa mais R$18.000,00.

Como Arthur tem R$55.000,00 e desembolsa, inicialmente, R$20.000,00, ele fica com R$35.000,00 para investir em aplicação que rende 10% ao semestre. Dez por cento de R$35.000,00 são R$3.500,00, pois

$$10\% \text{ de R\$ } 35.000{,}00 = 35.000 \text{x} \frac{10}{100} = 35.000 \text{x} 0{,}10 = 3.500 \text{ (R\$3.500,00)}$$

Ou seja, aplicando R$35.000,00 em investimento que rende 10% ao semestre por 6 meses (um semestre), Arthur fica com R$38.500,00, pois 35.00 + 3.500 = 38.500

Logo, na opção 3, depois de 6 meses, Arthur tem saldo de R$38.500,00, em virtude do investimento financeiro, e paga a primeira parcela de R$20.000,00 para Cléber. Assim, Arthur ainda fica com R$18.500,00, que é a diferença entre R$38.500,00 e R$20.000,00 (38.500 - 20.000 = 18.500).

Esse saldo de R$18.500,00 é reinvestido em aplicação que rende 10% ao semestre. Dez por cento de R$18.500,00 são R$1.850,00, pois

$$10\% \text{ de R\$ } 18.500{,}00 = 18.500 \text{x} \frac{10}{100} = 18.500 \text{x} 0{,}10 = 1.850 \text{ (R\$}1.850{,}00)$$

Se somarmos o rendimento de R$1.850,00 ao saldo de R$18.500,00, vemos que, ao final de 12 meses, Arthur tem R$20.350,00.

Logo, na opção 3, depois de 12 meses, Arthur tem saldo de R$20.350,00 em virtude do investimento financeiro e paga a segunda parcela de R$18.000,00 para Cléber.

Assim, Arthur ainda fica com R$2.350,00, que é a diferença entre R$20.350,00 e R$18.000,00 (20.350 - 18.00 = 2.350).

Opção 4. Pagamento a prazo, com entrada de R$15.000,00 e o restante em 1 ano (12 meses) da data da compra, pagando R$39.000,00.

Nesse caso, Arthur desembolsa, inicialmente, R$15.000,00 e, depois de 12 meses, desembolsa mais R$39.000,00.

Como Arthur tem R$55.000,00 e desembolsa, inicialmente, R$15.000,00, ele fica com R$40.000,00 para investir em aplicação que rende 10% ao semestre.

Dez por cento de R$40.000,00 são R$4.000,00, pois

$$10\% \text{ de R\$ } 40.000{,}00 = 40.000 \text{x} \frac{10}{100} = 40.000 \text{x} 0{,}10 = 4.000 \text{ (R\$}4.000{,}00)$$

Ou seja, aplicando R$40.000,00 em investimento que rende 10% ao semestre por 6 meses (um semestre), Arthur fica com R$44.000,00, pois 40.00 + 4.000 = 44.000.

Como Arthur apenas pagará a parcela a Cléber depois de 12 meses, ele ainda pode investir o saldo de R$44.000,00 em nova aplicação que rende 10% ao semestre.

Dez por cento de R$44.000,00 são R$4.400,00, pois

$$10\% \text{ de R\$ } 44.000{,}00 = 44.000 \text{x} \frac{10}{100} = 44.000 \text{x} 0{,}10 = 4.400 \text{ (R\$}4.400{,}00)$$

Se somarmos o rendimento de R$4.400,00 ao saldo de R$44.000,00, vemos que, ao final de 12 meses, Arthur tem R$48.400,00.

Logo, na opção 4, depois de 12 meses, Arthur tem saldo de R$48.400,00 em virtude do investimento financeiro e paga a parcela de R$39.000,00 para Cléber.

Assim, Arthur ainda fica com R$9.400,00, que é a diferença entre R$48.400,00 e R$39.000,00 (48.000 - 39.000 = 9.400).

Opção 5. Pagamento a prazo com, dali a um ano (12 meses), o valor de R$60.000,00.

Como Arthur tem R$55.000,00 e não desembolsa, inicialmente, qualquer valor, ele fica com R$55.000,00 para investir em aplicação que rende 10% ao semestre. Dez por cento de R$55.000,00 são R$5.500,00, pois

$$10\% \text{ de R\$}55.000{,}00 = 55.000\text{x}\frac{10}{100} = 55.000\text{x}0{,}10 = 5.500 \text{ (R\$}5.500{,}00)$$

Ou seja, aplicando R$55.000,00 em investimento que rende 10% ao semestre por 6 meses (um semestre), Arthur fica com R$60.500,00, pois 55.000 + 5.500 = 60.500.

Como Arthur apenas pagará a parcela única a Cléber depois de 12 meses, ele ainda pode investir o saldo de R$60.500,00 em nova aplicação que rende 10% ao semestre.

Dez por cento de R$60.500,00 são R$6.050,00, pois

$$10\% \text{ de R\$ }60.500{,}00 = 60.500\text{x}\frac{10}{100} = 60.500\text{x}0{,}10 = 6.050 \text{ (R\$}6.050{,}00)$$

Se somarmos o rendimento de R$6.050,00 ao saldo de R$60.500,00, vemos que, ao final de 12 meses, Arthur tem R$66.550,00.

Logo, na opção 5, depois de 12 meses, Arthur tem saldo de R$66.550,00 em virtude do investimento financeiro e paga a parcela única de R$60.000,00 para Cléber.

Assim, Arthur ainda fica com R$6.550,00, que é a diferença entre R$66.550,00 e R$60.000,00 (66.500 - 60.000 = 6.550).

Conclusão.

A opção na qual Arthur tem maior vantagem é a 4, pois, nela, além de comprar o terreno, ele fica com o maior "saldo residual", que é de R$9.400,00.

Na opção 4, o valor total pago por Arthur é de R$54.000,00, que é a soma da entrada de R$15.000,00 com a parcela de R$39.000,00.

Esse valor de R$54.000,00 é, inclusive, menor do que o valor para pagamento à vista (R$55.000,00)!

Alternativa correta: D.

QUESTÃO 3.7 - Tema. Recursos naturais e agricultura no Brasil.

Questão 3.7 (Enem 2014). O Brasil é um país com uma vantagem econômica clara no terreno dos recursos naturais, dispondo de uma das maiores áreas com vocação agrícola do mundo. Especialistas calculam que, dos 853 milhões de hectares do país, as cidades, as reservas indígenas e as áreas de preservação, incluindo florestas e mananciais, cubram por volta de 470 milhões de hectares. Aproximadamente 280 milhões se destinam à agropecuária, 200 milhões para pastagens e 80 milhões para a agricultura, somadas as lavouras anuais e as perenes, como o café e a fruticultura.

FORTES, G. Recuperação de pastagens é alternativa para ampliar cultivos. **Folha de S. Paulo**, 30 out. 2011.

De acordo com os dados apresentados, o percentual correspondente à área utilizada para agricultura em relação à área do território brasileiro é mais próximo de

a) 32,8%
b) 28,6%
c) 10,7%
d) 9,4%
e) 8,0%

Análise do enunciado.

No enunciado, é dito que em 2011, no Brasil, especialistas calculavam que, dos seus 853 milhões de hectares, aproximadamente 280 milhões destinavam-se à agropecuária, 200 milhões destinavam-se às pastagens e 80 milhões destinam-se à agricultura.

Pede-se, para 2011, o percentual correspondente à área utilizada para agricultura em relação à área do território brasileiro.

Resolução da questão.
Do total dos 853 milhões de hectares Brasil, em 2011, 80 milhões destinavam-se à agricultura. Queremos determinar quanto, em termos percentuais, esses 80 milhões representam de 853 milhões. Para isso, fazemos o cálculo a seguir.

$$\text{Percentual de 80 milhões em 853 milhões} = \frac{80}{853}.100\% = 9,4\%$$

Concluímos que, em 2011, aproximadamente 9,4% da área do território brasileiro foram destinadas à agricultura.

Alternativa correta: D.

QUESTÃO 3.8 - Tema. Taxas de fecundidade no Brasil em 2000 e em 2010.

Questão 3.8 (Enem 2014). A taxa de fecundidade é um indicador que expressa a condição reprodutiva média das mulheres de uma região e é importante para uma análise da dinâmica demográfica dessa região. A tabela apresenta dados obtidos pelos Censos de 2000 e 2010, feitos pelo IBGE, com relação à taxa de fecundidade no Brasil.

Ano	Taxa de fecundidade no Brasil
2000	2,38
2010	1,9

Disponível em: www.saladeimprensa.ibge.gov.br. Acesso em: 31 jul. 2013.

Suponha que a variação percentual relativa na taxa de fecundidade no período de 2000 a 2010 repita-se no período de 2010 a 2020. Nesse caso, em 2020 a taxa de fecundidade no Brasil estará mais próxima de

a) 1,14
b) 1,42
c) 1,52
d) 1,70
e) 1,80

Análise do enunciado.
No enunciado, é fornecida uma tabela contendo as taxas de fecundidade das mulheres no Brasil em 2000 e em 2010.
Pede-se a estimativa da taxa de fecundidade das mulheres no Brasil em 2020, supondo que sua variação percentual relativa no período de 2000 a 2010 repita-se no período de 2010 a 2020.

Resolução da questão.
Conforme mostrado na tabela do enunciado, de 2000 para 2010 a taxa de fecundidade passou, respectivamente, de 2,38 para 1,9, ou seja, teve variação absoluta de -0,48, que é diferença entre 1,9 e 2,38 (1,9 - 2.38 = - 0,48).
A variação percentual da taxa de fecundidade no Brasil no período de 2000 a 2010 é a diferença entre as taxas de 2010 e de 2000 (igual a -0,48) dividida pela taxa de 2000 (igual a 2,38), conforme mostrado a seguir.

$$\text{variação da taxa de fecundidade de 2000 para 2010} = \frac{1,9 - 2,38}{2,38}.100\%$$

$$\text{variação da taxa de fecundidade de 2000 para 2010} = \frac{-0,48}{2,38}.100\% = -20,2\%$$

Isso significa que, de 2000 para 2010, a taxa de fecundidade no Brasil caiu 20,2% (o sinal negativo de -20,2% indica queda ou diminuição).

De 2010 para 2020, essa redução percentual é mantida, ou seja, em 2020, a taxa de fecundidade tem queda de 20,2% em relação ao valor de 2010, igual a 1,9. O percentual de 20,2% aplicado sobre a referência de 1,9 resulta em 0,38, calculado como 20,2/100 multiplicado por 1,9, ou seja, calculado pela multiplicação do fator 0,202 por 1,9, pois

$$20,2\% \text{ de } 1,9 = 1,9\text{x}\frac{20,2}{100} = 1,9\text{x}0,202 = 0,38$$

Assim, a queda absoluta na taxa de fecundidade de 2010 para 2020 é de 0,38. Se retirarmos 0,38 de 1,9 (que era a taxa de fecundidade em 2010), ficamos com 1,52 (1,9-0,38=1,52) e obtemos o valor da taxa de fecundidade em 2020.

Alternativa correta: C.

QUESTÃO 3.9 - Tema. Índices de AVC em homens e em mulheres.

Questão 3.9 (Enem 2011). Nos últimos cinco anos, 32 mil mulheres de 20 a 24 anos foram internadas nos hospitais do SUS por causa de AVC. Entre os homens da mesma faixa etária, houve 28 mil internações pelo mesmo motivo.
Época. 26 abr. 2010 (adaptado).
Suponha que, nos próximos cinco anos, haja um acréscimo de 8 mil internações de mulheres e que o acréscimo de internações de homens por AVC ocorra na mesma proporção. De acordo com as informações dadas, o número de homens que seriam internados por AVC nos próximos cinco anos corresponderia a

a) 4 mil
b) 9 mil
c) 21 mil
d) 35 mil
e) 39 mil

Análise do enunciado.

No enunciado, é dito que "nos últimos cinco anos, 32 mil mulheres de 20 a 24 anos foram internadas nos hospitais do SUS por causa de AVC" e que "entre os homens da mesma faixa etária, houve 28 mil internações pelo mesmo motivo".
Nos próximos cinco anos, há aumento de 8 mil internações de mulheres e o aumento de internações de homens por AVC ocorre na mesma proporção.
Pede-se o número de homens que seriam internados por AVC nos próximos cinco anos.

Resolução da questão.

Temos aumento de 8 mil internações de mulheres nas 32 mil internações de mulheres, o que resulta em aumento de 25% no número de internações de mulheres, pois

$$8\text{ mil em }32\text{ mil} = \frac{8}{32}\text{x}100\% = 25\%$$

Foi suposto que o aumento de internações de homens ocorre na mesma proporção do caso feminino, ou seja, 25% de aumento.
Logo, o número de internações de homens que era de 28 mil sofrerá 25% de aumento, o que corresponde ao aumento absoluto de 7 mil casos, pois

$$25\%\text{ de }28\text{ mil} = 28\text{x}\frac{25}{100} = 28\text{x}0{,}25 = 7\ \ (7\text{mil})$$

Desse modo, o número de internações de homens passaria a ser 35 mil, que é a soma dos 28 mil casos iniciais com os 7 mil casos acrescentados (28+7=35).

Alternativa correta: D.

QUESTÃO 3.10 - Tema. Taxa de glicose de uma pessoa.

Questão 3.10 (Enem 2012). Um laboratório realiza exames em que é possível observar a taxa de glicose de uma pessoa. Os resultados são analisados de acordo com o quadro a seguir.

Hipoglicemia	Taxa de glicose menor ou igual a 70mg/L
Normal	Taxa de glicose maior que 70mg/L e menor ou igual a 100mg/L
Pré-diabetes	Taxa de glicose maior que 100mg/L e menor ou igual a 125mg/L
Diabetes melito	Taxa de glicose maior que 125mg/L e menor ou igual a 250mg/L
Hiperglicemia	Taxa de glicose maior que 250mg/L

Um paciente fez um exame de glicose nesse laboratório e comprovou que estava com hiperglicemia. Sua taxa de glicose era de 300mg/dL. Seu médico prescreveu um tratamento em duas etapas. Na primeira etapa ele conseguiu reduzir sua taxa em 30% e na segunda etapa em 10%.

Ao calcular sua taxa de glicose após as duas reduções, o paciente verificou que estava na categoria de

a) hipoglicemia.
b) normal.
c) pré-diabetes.
d) diabetes melito.
e) hiperglicemia.

Análise do enunciado.

O enunciado fornece um quadro que classifica uma pessoa de acordo com o valor da sua taxa de glicose. É dito que um paciente apresenta taxa de glicose de 300mg/dL, o que configura hiperglicemia. Seu médico prescreveu um tratamento em duas etapas: na primeira, ele reduziu sua taxa de glicose em 30%, e, na segunda, em 10%.

Pede-se a classificação do paciente após as duas reduções.

Resolução da questão.

A taxa inicial de glicose do paciente era de 300mg/dL. Na primeira etapa do tratamento, ele tem redução de 30% nessa taxa e passa a apresentar taxa de 210mg/dL, pois 30% de 300mg/dL são 90mg/dL e o resultado de 300mg/dL menos 90mg/dL é 210mg/dL, conforme mostrado a seguir.

$$30\% \text{ de } 300 \text{ mg / dL} = 300\text{x}\frac{30}{100} = 300\text{x}0{,}30 = 90 \text{ (90 mg / dL)}$$

$$300 \text{ mg / dL} - 90 \text{ mg / dL} = 210 \text{ mg / dL}$$

Na segunda etapa do tratamento, o paciente inicia com taxa de glicose de 210mg/dL. Ele tem redução de 10% nessa taxa e passa a apresentar taxa de 189mg/dL, pois 10% de 210mg/dL são 21mg/dL e o resultado de 210mg/dL menos 21mg/dL é 189mg/dL, conforme mostrado a seguir.

$$10\% \text{ de } 210 \text{ mg / dL} = 210\text{x}\frac{10}{100} = 210\text{x}0{,}10 = 21 \text{ (21 mg / dL)}$$

$$210 \text{ mg / dL} - 21 \text{ mg / dL} = 189 \text{ mg / dL}$$

Logo, com taxa final de glicemia de 189mg/dL e, de acordo com o quadro do enunciado, o paciente está na classificação de diabetes melito, pois sua taxa de glicose encontra-se entre 125mg/L e 250mg/L.

Alternativa correta: D.

QUESTÃO 3.11 - Tema. Decisão por investimento (rendimento e imposto a ser pago).

Questão 3.11 (Enem 2011). Um jovem investidor precisa escolher qual investimento lhe trará maior retorno financeiro em uma aplicação de R$500,00. Para isso, pesquisa o rendimento e o imposto a ser pago em dois investimentos: poupança e CDB (certificado de depósito bancário). As informações obtidas estão resumidas no quadro a seguir.

	Rendimento mensal (%)	IR (Imposto de Renda)
POUPANÇA	0,560	ISENTO
CDB	0,876	4% (sobre o ganho)

Para o jovem investidor, ao final de um mês, a aplicação mais vantajosa é

a) a poupança, pois totalizará um montante de R$502,80.
b) a poupança, pois totalizará um montante de R$500,56.
c) o CDB, pois totalizará um montante de R$504,38.
d) o CDB, pois totalizará um montante de R$504,21.
e) o CDB, pois totalizará um montante de R$500,87.

Análise do enunciado.
No enunciado, informa-se que um jovem precisa escolher, entre poupança e CDB, o investimento que lhe trará maior retorno financeiro em uma aplicação de R$500,00.
É dada uma tabela contendo o rendimento mensal e o imposto de renda dessas aplicações.
Pede-se, em um mês, a aplicação mais vantajosa para o investidor.

Resolução da questão.
Se o investidor aplicar R$500,00 na poupança, em um mês, terá esse valor acrescido em 0,56% de R$500,00, ou seja, terá R$500,00 mais R$2,80. Isso resulta em R$502,80, conforme segue.

$$0{,}56\% \text{ de R\$}500{,}00 = 500\text{x}\frac{0{,}56}{100} = 500\text{x}0{,}0056 = 2{,}8 \text{ (R\$}2{,}80)$$

$$\text{R\$}500{,}00 + \text{R\$}2{,}80 = \text{R\$}502{,}80$$

Como a poupança está isenta de pagamento de imposto de renda, o saldo final do investidor seria de R$502,80 se ele optasse pela poupança.
Se o investidor aplicar R$500,00 em CDB, em um mês, antes do pagamento do imposto de renda, terá esse valor acrescido em 0,876% de R$500,00, ou seja, terá R$500,00 mais R$4,38. Isso resulta em R$504,38, conforme segue.

$$0{,}876\% \text{ de R\$}500{,}00 = 500\text{x}\frac{0{,}876}{100} = 500\text{x}0{,}00876 = 4{,}38 \text{ (R\$4,38)}$$

$$\text{R\$}500{,}00 + \text{R\$}4{,}38 = \text{R\$}504{,}38$$

Mas, no caso de CDB, o investidor terá de pagar 4% sobre seu ganho de R$4,38, ou seja, terá de pagar R$0,17, conforme segue.

$$4\% \text{ de R\$}4{,}38 = 4{,}38\text{x}\frac{4}{100} = 4{,}38\text{x}0{,}04 = 0{,}17 \text{ (R\$0,17)}$$

Se tirarmos R$0,17 de R$4,38, ficamos com ganho de R$4,21, pois 4,38-0,17=4,21.
Logo, com o CDB o saldo final do investidor seria de R$504,21, pois 500+4,21=504,21.
Concluímos que, em um mês, a aplicação mais vantajosa para o investidor é o CDB, que gera saldo final de R$504,21.

Alternativa correta: D.

QUESTÃO 3.12 - Tema. Aplicação em ações.

Questão 3.12 (Enem 2011). Uma pessoa aplicou certa quantia em ações. No primeiro mês, ela perdeu 30% do total do investimento e, no segundo mês, recuperou 20% do que havia perdido. Depois desses dois meses, resolveu tirar o montante de R$3.800,00 gerado pela aplicação. A quantia inicial que essa pessoa aplicou em ações corresponde ao valor de

a) R$4.222,22.
b) R$4.523,80.
c) R$5.000,00.
d) R$13.300,00.
e) R$17.100,00.

Análise do enunciado.

No enunciado, informa-se que uma pessoa aplicou certa quantia em ações, perdeu 30% do total investido no primeiro mês e recuperou 20% do que havia perdido no segundo mês. Depois desses dois meses, retirou o montante de R$3.800,00 gerado pela aplicação.

Pede-se a quantia inicial que a pessoa aplicou em ações.

Resolução da questão.

Vamos chamar de Q a quantia inicial que a pessoa aplicou em ações.

No primeiro mês, a pessoa perdeu 30% do total investido, ou seja, perdeu Q x 0,30, pois

$$30\% \text{ de } Q = Qx\frac{30}{100} = Qx0{,}30$$

Assim, no primeiro mês, o saldo da pessoa foi 70% do total investido, ou seja, ela ficou com Q x 0,70, pois dos 100% aplicados, 30% foram perdidos, restando 70% da quantia Q inicial.

No segundo mês, a pessoa recuperou 20% do que havia perdido (20% de Q x 0,3), ou seja, recuperou Q x 0,06, pois

$$20\% \text{ de } Qx0{,}3 = Qx0{,}3x\frac{20}{100} = Qx0{,}30x0{,}20 = Qx0{,}06$$

Assim, no final do segundo mês, a pessoa ficou com Q x 0,70(quantia que restou após a perda de 30% da quantia inicial) mais Q x 0,06 (quantia que recuperada no segundo mês), o que resulta em:

Q x 0,70 + Q x 0,06 = Q x 0.76

Foi dito que o montante Q x 0.76 equivale a R$3.800,00. Logo:

$$Qx0{,}76 = 3.800 \Rightarrow Q = \frac{3.800}{0{,}75} \Rightarrow Q = 5.000\ (R\$5.000{,}00)$$

Concluímos que a quantia inicialmente aplicada foi de R$5.000,00.

Alternativa correta: C.

QUESTÃO 3.13 - Tema. Quantidade habitualmente comprada de um produto.

Questão 3.13 (Enem 2014). Uma pessoa compra semanalmente, numa mesma loja, sempre a mesma quantidade de um produto que custa R$10,00 a unidade. Como já sabe quanto deve gastar, leva sempre R$6,00 a mais do que a quantia necessária para comprar tal quantidade, para o caso de eventuais despesas extras. Entretanto, um dia, ao chegar à loja, foi informada de que o preço daquele produto havia aumentado 20%. Devido a esse reajuste, concluiu que o dinheiro levado era a quantia exata para comprar duas unidades a menos em relação à quantidade habitualmente comprada.
A quantia que essa pessoa levava semanalmente para fazer a compra era

a) R$166,00
b) R$156,00.
c) R$84,00
d) R$46,00.
e) R$24,00

Análise do enunciado.
No enunciado, é dito que uma pessoa compra, toda semana, a mesma quantidade de um produto por R$10,00 a unidade e sempre leva R$6,00 a mais. Certo dia, o preço do produto aumenta em 20% e, com isso, todo o dinheiro levado é o valor exato para comprar duas unidades a menos em relação à quantidade habitualmente comprada. Pede-se a quantia que a pessoa levava semanalmente para fazer a compra.

Resolução da questão.
A unidade do produto custava, inicialmente, R$10,00 e tem aumento de 20%. O resultado de 20% de R$10,00 é dado pela multiplicação de 10 por 20/100, ou seja, é dado pela multiplicação de 10 por 0,20, conforme segue.

$$20\% \text{ de } R\$10{,}00 = 10x\frac{20}{100} = 10x0{,}20 = 2\ (R\$\ 2{,}00)$$

Ou seja, o produto, com o aumento, passa a custar R$12,00, que é a soma de R$10,00 com o aumento absoluto de R$2,00.

Vamos indicar por Q a quantidade de produtos que a pessoa comprava antes do aumento. Sendo R$10,00 o valor da unidade antes do aumento, o gasto total da pessoa era 10xQ, dado pela multiplicação do valor da unidade (R$10,00) pela quantidade comprada (Q).

Após o aumento, a pessoa compra duas unidades a menos do que comprava antes, ou seja, passa a comprar (Q-2) unidades. Sendo R$12,00 o valor da unidade após o aumento, o gasto total da pessoa passa a ser 12x(Q-2), dado pela multiplicação do novo valor da unidade (R$12,00) pela nova quantidade comprada (Q-2).

No quadro a seguir, temos um resumo da situação analisada.

Resumo: antes do aumento e depois do aumento.

	Antes do aumento	Depois do aumento
Valor da unidade	R$10,00	R$12,00
Quantidade comprada	Q	(Q-2)
Gasto total (valor da unidade multiplicado pela quantidade comprada)	10xQ	12x(Q-2)

Também foi dito que, após o aumento, a pessoa gasta o que gastava antes (10xQ) mais R$6,00. Ou seja, a pessoa passa a ter gasto total de (10xQ+6).

Ou seja, o novo gasto total da pessoa é dado tanto por 12x(Q-2) quanto por (10xQ+6). Logo, para calcularmos a quantidade Q comprada antes do aumento, precisamos igualar 12x(Q-2) com (10xQ+6), conforme segue.

$$12x(Q-2)=10xQ+6$$
$$12xQ-24=10xQ+6$$
$$12xQ-10xQ=6+24$$
$$2xQ=30$$
$$Q=\frac{30}{2}\Rightarrow Q=15$$

Verificamos que a pessoa comprava, inicialmente, 15 unidades do produto por R$10,00 a unidade. Desse modo, a pessoa gastava R$150,00 antes do aumento, que é a multiplicação do valor da unidade (R$10,00) pela quantidade comprada (15).

No enunciado, explica-se que a pessoa levava R$6,00 a mais do que gastava. Assim, concluímos que, antes do aumento, a pessoa levava R$156,00, que é a soma do que ela gastava (R$150,00) com o que levava a mais (R$6,00).

Alternativa correta: B.

QUESTÃO 3.14 - Tema. Saneamento básico e tratamento de esgotos.

Questão 3.14 (Enem 2014). Uma organização não governamental divulgou um levantamento de dados realizado em algumas cidades brasileiras sobre saneamento básico. Os resultados indicam que somente 36% do esgoto gerado nessas cidades é tratado, o que mostra que 8 bilhões de litros de esgoto sem nenhum tratamento são lançados todos os dias nas águas. Uma campanha para melhorar o saneamento básico nessas cidades tem como meta a redução da quantidade de esgoto lançado nas águas diariamente, sem tratamento, para 4 bilhões de litros nos próximos meses.

Se o volume de esgoto gerado permanecer o mesmo e a meta dessa campanha se concretizar, o percentual de esgoto tratado passará a ser

a) 72%
b) 68%
c) 64%
d) 54%
e) 18%

Análise do enunciado.

No enunciado, são fornecidos dados sobre o saneamento básico de algumas cidades: 36% do esgoto gerado são tratados, o que equivale ao lançamento de 8 bilhões de litros de esgoto sem nenhum tratamento diariamente nas águas. Uma campanha visa a esse valor passar para 4 bilhões de litros por dia. Para isso, pede-se o novo percentual de esgoto tratado, considerando que o volume de esgoto gerado mantenha-se inalterado.

Resolução da questão.

Sem a campanha, o percentual de esgoto tratado é de 36% e o percentual de esgoto não tratado é de 64%, obtido pela diferença entre 100% e 36% (100%-36%=64%). Esse percentual de 64%, conforme indicado no enunciado, equivale ao lançamento de 8 bilhões de litros de esgoto sem nenhum tratamento diariamente nas águas.

Para sabermos o total V de esgoto produzido sem a campanha, podemos fazer a regra de três a seguir, que pode ser lida assim: "V está para 100% assim como 8 bilhões estão para 64%".

V - 100%
8 bilhões - 64%

Para acharmos o resultado V, fazemos a seguinte igualdade, vinda da multiplicação "em cruz" dos valores presentes no esquema anterior:

$$Vx64 = 8x100 \Rightarrow V = \frac{800}{64} = 12{,}5 \text{ bilhões de litros}$$

Verificamos que, para a situação em estudo, há produção diária de 12,5 bilhões de litros de esgoto, incluindo tanto o volume tratado quanto o volume não tratado. O enunciado orienta para considerarmos que o volume de esgoto gerado mantenha-se inalterado mesmo com a campanha, mantendo-se em 12,5 bilhões de litros por dia.

Com a campanha, deseja-se que o volume de esgoto não tratado lançamento diariamente nas águas seja de 4 bilhões de litros. Nesse caso, o volume de esgoto tratado passa a ser 8,5 bilhões de litros por dia, que é a diferença entre 12,5 bilhões e 4 bilhões (12,5 bilhões – 4 bilhões = 8,5 bilhões).

Queremos calcular quanto, em termos percentuais, 8,5 bilhões representam de 12,5 bilhões. Para isso, fazemos o cálculo a seguir.

$$\text{Percentual de } 8{,}5 \text{ bilhões em } 12{,}5 \text{ bilhões} = \frac{8{,}5}{12{,}5}.100\% = 68\%$$

Concluímos que, se o volume de esgoto gerado permanecer o mesmo e se a meta da campanha se concretizar, o percentual de esgoto tratado passará a ser igual a 68%.

Alternativa correta: B.

QUESTÃO 3.15 - Tema. Consumo de água em diversas atividades.

Questão 3.15 (Enem 2014). De acordo com a ONU, da água utilizada diariamente,

- 25% são para tomar banho, lavar as mãos e escovar os dentes.
- 33% são utilizados em descarga de banheiro.
- 27% são para cozinhar e beber.
- 15% são para demais atividades.

No Brasil, o consumo de água por pessoa chega, em média, a 200 litros por dia. O quadro mostra sugestões de consumo moderado de água por pessoa, por dia, em algumas atividades.

Atividade	Consumo total de água na atividade (em litros)
Tomar banho	24,0
Dar descarga	28,0
Lavar as mãos	3,2
Escovar os dentes	2,4
Beber e cozinhar	22,0

Se cada brasileiro adotar o consumo de água indicado no quadro, mantendo o mesmo consumo nas demais atividades, então economizará diariamente, em média, em litros de água,

a) 30,0
b) 69,6
c) 100,4
d) 130,4
e) 170,0

Análise do enunciado.

O enunciado fornece os percentuais de uso de água das pessoas para tomarem banho, lavarem as mãos e escovarem os dentes (25%), para darem descarga de banheiro (33%), para cozinharem e beberem (27%) e para as demais atividades (15%).

O enunciado também fornece um quadro com sugestões de consumo moderado diário de água, em litros, por pessoa em algumas atividades.

É dito que, no Brasil, o consumo diário de água por pessoa é de 200 litros.

Pede-se a economia diária de cada brasileiro, em média, em litros de água, se forem adotados os consumos recomendados no quadro.

Resolução da questão.

Se aplicarmos os percentuais de uso de água de um indivíduo para tomar banho, lavar as mãos e escovar os dentes (25%), para dar descarga (33%), para cozinhar e beber (27%) e para suas demais atividades (15%) sobre o consumo diário de 200 litros de água por pessoa no Brasil, obtemos os consumos reais por dia, em litros, de uma pessoa em suas diversas atividades. Isso está mostrado a seguir.

Consumo real de água diário de uma pessoa para tomar banho, lavar as mãos e escovar os dentes:

$$25\% \text{ de } 200 \text{ litros} = 200\text{x}\frac{25}{100} = 200\text{x}0,25 = 50 \text{ litros}$$

Consumo real de água diário de uma pessoa para dar descarga:

$$33\% \text{ de } 200 \text{ litros} = 200x\frac{33}{100} = 200x33 = 66 \text{ litros}$$

Consumo real de água diário de uma pessoa para cozinhar e beber:

$$27\% \text{ de } 200 \text{ litros} = 200x\frac{27}{100} = 200x0{,}27 = 54 \text{ litros}$$

Consumo real de água diário de uma pessoa para as demais atividades:

$$15\% \text{ de } 200 \text{ litros} = 200x\frac{15}{100} = 200x0{,}15 = 30 \text{ litros}$$

Se fizermos a diferença entre os consumos reais de água feitos por uma pessoa diariamente e os valores recomendados (dados no quadro do enunciado), obtemos as economias diárias de água, conforme mostrado no quadro a seguir. O consumo de 20 litros diários no item "demais atividades" foi mantido, pois isso foi dito no próprio enunciado.

Atividade	Consumo diário de água real na atividade	Consumo diário de água recomendado na atividade	Economia diária (diferença entre o consumo real e o consumo recomendado)
Tomar banho, lavar as mãos e escovar os dentes	50 litros	24+3,2+2,4 = 29,6 litros	50-29,6 = 20,4 litros
Dar a descarga	66 litros	18 litros	66-18 = 48 litros
Beber e cozinhar	54 litros	22 litros	54-22 = 32 litros
Demais atividades	20 litros	20 litros (mantido)	20-20 = 0
TOTAL	200 litros	29,6+18+22+20 = 89,6 litros	20,4+48+32+0 = 100,4 litros

Pelo quadro anterior, vemos que, se a pessoa adotar as recomendações, a economia diária total no consumo de água será de 100,4 litros.

Alternativa correta: C.

QUESTÃO 3.16 - Tema. Casamento e ocupação no mercado de trabalho.

Questão 3.16 (Enem 2013 – com adaptações). Leia o texto a seguir.

Casados e independentes

Um novo levantamento do IBGE mostra que o número de casamentos entre pessoas na faixa dos 60 anos cresce, desde 2003, a um ritmo 60% maior que o observado na população brasileira como um todo...

...e um fator determinante é que cada vez mais pessoas nessa idade estão no mercado de trabalho, o que lhes garante a independência financeira necessária para o matrimônio.

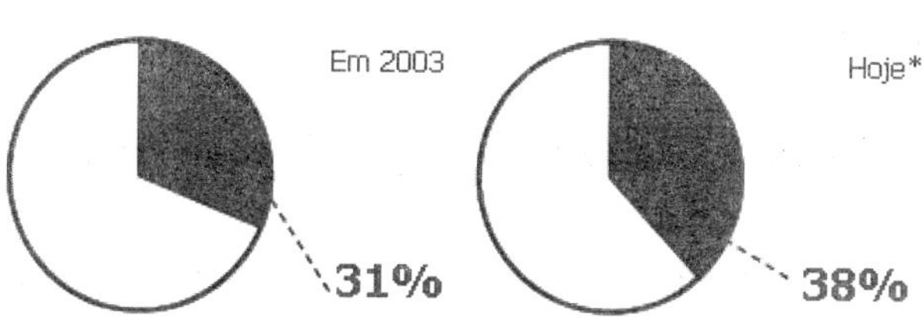

Fontes: IBGE e Organização Internacional do Trabalho (OIT) e Veja, São Paulo, 21 abr. 2010 (adaptado).

*Com base no último dado disponível, de 2008.

Os gráficos expõem dados estatísticos por meio de linguagem verbal e não verbal. No texto, o uso desse recurso

a) exemplifica o aumento da expectativa de vida da população.
b) explica o crescimento da confiança na instituição do casamento.
c) mostra que a população brasileira aumentou nos últimos cinco anos.
d) indica que as taxas de casamento e emprego cresceram na mesma proporção.
e) sintetiza o aumento percentual no número de casamentos de 2003 para 2008 e o aumento percentual de ocupação no mercado de trabalho por pessoas com mais de 60 anos de 2003 para 2008.

Análise do enunciado.
O enunciado apresenta gráficos que mostram, de 2003 a 2008, o aumento percentual no número de casamentos entre pessoas acima dos 60 anos (44%) e o aumento percentual no número de casamentos na população brasileira (28%). O enunciado também apresenta gráficos que mostram os percentuais da população brasileira com mais de 60 anos no mercado de trabalho em 2003 (31%) e em 2008 (38%).

Resolução da questão.
Os dados dos gráficos mostram:

- aumento percentual no número de casamentos de 2003 para 2008 (44% no caso das pessoas acima de 60 anos e 28% no caso da população) e
- aumento percentual de ocupação no mercado de trabalho por pessoas com mais de 60 anos de 2003 para 2008 (que passou de 31% para 38%).

Alternativa correta: E.

QUESTÃO 3.17 - Tema. Conta de energia elétrica (consumo e tarifa).

Questão 3.17 (Enem 2014). Em uma cidade, o valor total da conta de energia elétrica é obtido pelo produto entre o consumo (em kWh) e o valor da tarifa do kWh (com tributos), adicionado à Cosip (contribuição para custeio da iluminação pública), conforme a expressão:

Valor do kWh (com tributos) × consumo (em kWh) + Cosip

O valor da Cosip é fixo em cada faixa de consumo. O quadro mostra o valor cobrado para algumas faixas.

Faixa de consumo mensal (kWh)	Valor da Cosip (R$)
Até 80	0,00
Superior a 80 até 100	2,00
Superior a 100 até 140	3,00
Superior a 140 até 200	4,50

Suponha que, em uma residência, todo mês o consumo seja de 150kWh e que o valor do kWh (com tributos) seja de R$0,50. O morador dessa residência pretende diminuir seu consumo mensal de energia elétrica com o objetivo de reduzir o custo total da conta em pelo menos 10%. Qual deve ser o consumo máximo, em kWh, dessa residência para produzir a redução pretendida pelo morador?

a) 134,1
b) 135,0
c) 137,1
d) 138,6
e) 143,1

Análise do enunciado.

No enunciado, informa-se que, em uma cidade, o valor total da conta de energia elétrica é o produto entre o consumo (em kWh) e o valor da tarifa do kWh (com tributos), somado à Cosip (contribuição para custeio da iluminação pública). Em um quadro, são fornecidos os valores da Cosip para cada faixa de consumo. É dada uma situação específica de uma residência com consumo mensal de 150kWh e tarifa de R$0,50 o kWh (com tributos). Pede-se o "novo" consumo máximo (em kWh) dessa residência para haver redução do custo total da conta em pelo menos 10%.

Resolução da questão.

O cálculo do valor total da conta de energia elétrica está mostrado no esquema a seguir.

Esquema. Cálculo do valor total da conta de energia elétrica (em reais)

Valor total da conta de energia elétrica (em reais)	=	Consumo mensal (em kWh)	x	Valor da tarifa do kWh (em reais)	+	Cosip (em reais)

Para a situação inicial (antes da redução da conta), o consumo mensal é de 150kWh, o valor da tarifa é de R$0,50 o kWh e a Cosip é de R$4,50 (valor lido na última linha do quadro do enunciado).

Assim, aplicando o esquema 1 para a situação inicial (antes da redução da conta), ficamos com o que segue.

Valor total da conta de energia elétrica (em reais)	=	150kWh	x	R$0,50 o kWh	+	R$4,50

Logo, o valor inicial da conta de energia elétrica para o consumo de 150kWh é de R$79,50, pois 150x0,50+4,50 = 79,50.

Deseja redução de 10% no valor da conta de R$79,50. Assim, precisamos calcular quanto vale 10% de R$79,50, conforme segue.

$$10\% \text{ de } R\$79{,}50 = 79{,}50 \text{x} \frac{10}{100} = 79{,}50\text{x}0{,}10 = 7{,}95 \text{ (R\$7,95)}$$

Se retirarmos R$7,95 do valor inicial da conta, que era R$79,50, ficamos com R$71,55, pois 79,50-7,95=71,55.

Logo, o novo valor total da conta, com a redução de 10%, passa a ser R$71,55. Vamos supor que essa redução de valor no total da conta esteja vinculada à faixa de consumo "superior a 100kWh até 140kWh". Nesse caso, pela tabela do enunciado, a taxa Cosip é de R$3,00.

Se chamarmos de C o novo consumo, podemos utilizar o esquema a seguir para calcularmos seu valor.

Esquema. Cálculo do novo consumo C de energia elétrica (em kWh)

Novo valor total da conta de energia elétrica (em reais)	=	Novo consumo mensal (em kWh)	x	Valor da tarifa do kWh (em reais)	+	Cosip (em reais)
71,55	=	C	x	0,5	+	3,00

Ou seja,

$$71{,}55 = Cx0{,}5 + 3 \Rightarrow 71{,}55 - 3 = Cx0{,}5 \Rightarrow 68{,}55 = Cx0{,}5 \Rightarrow \frac{68{,}55}{0{,}5} = C \Rightarrow C = 137{,}1\ \text{kWh}$$

Alternativa correta: C.

QUESTÃO 3.18 - Tema. Crescimento da indústria - Brasil, São Paulo e Guarulhos.

Questão 3.18 (Enem 2013). A cidade de Guarulhos (SP) tem o 8º PIB municipal do Brasil, além do maior aeroporto da América do Sul. Em proporção, possui a economia que mais cresce em indústrias, conforme mostra o gráfico.

Fonte: IBGE, 2002-2008 (adaptado).

Analisando os dados percentuais do gráfico, qual a diferença entre o maior e o menor centro em crescimento no polo das indústrias?

a) 75,28
b) 64,09
c) 56,95
d) 45,76
e) 30,07

Análise do enunciado.

O enunciado apresenta um gráfico com dados de crescimento da indústria, de 2002 para 2008, no Brasil, no estado de São Paulo, na cidade de São Paulo e na cidade de Guarulhos. Pede-se para que seja verificada, no gráfico, a diferença entre o maior e o menor centro em crescimento no polo das indústrias.

Resolução da questão.

Se considerarmos APENAS os dados presentes no gráfico, a diferença entre o maior e o menor centro em crescimento no polo das indústrias é 56,95%, dada pela diferença entre o maior percentual indicado no gráfico (60,52%, da cidade de Guarulhos) e o menor percentual indicado no gráfico (3,57%, da cidade de São Paulo).

Comentários.

A diferença solicitada na questão não pode ser usada para análises críticas, conforme exposto a seguir.

- Tanto a cidade de São Paulo quanto a cidade de Guarulhos fazem parte do estado de São Paulo e do Brasil. Logo, os dados do Estado de São Paulo e do Brasil também são afetados pelos dados das cidades de São Paulo e de Guarulhos.
- Não foram fornecidas as quantidades de indústrias na cidade de São Paulo e na cidade de Guarulhos em 2002. Como o parque industrial da cidade de São Paulo é maior do que o da cidade de Guarulhos, a aplicação de diferentes percentuais de crescimentos não é proporcional ao crescimento absoluto do número de indústrias.

Alternativa correta: C.

QUESTÃO 3.19 - Tema. Cozimento de peça cerâmica.

Questão 3.19 (Enem 2013). A cerâmica constitui-se em um artefato bastante presente na história da humanidade. Uma de suas várias propriedades é a retração (contração), que consiste na evaporação da água existente em um conjunto ou bloco cerâmico quando submetido a uma determinada temperatura elevada. Essa elevação de temperatura, que ocorre durante o processo de cozimento, causa uma redução de até 20% nas dimensões lineares de uma peça.

Disponível em: www.arq.ufsc.br. Acesso em: 3 mar. 2012.

Suponha que uma peça, moldada em argila, tinha base retangular cujos lados mediam 30cm e 15cm. Após o cozimento, esses lados foram reduzidos em 20%. Em relação à área original, a área da base dessa peça, após o cozimento, ficou reduzida em

a) 4%
b) 20%
c) 36%
d) 64%
e) 96%

Análise do enunciado.
Informa-se que, com a elevação de temperatura que ocorre no processo de cozimento, há redução de até 20% nas dimensões lineares de uma peça de cerâmica.
Pede-se o percentual de redução, em relação à área original, da área de uma peça cerâmica com base retangular, cujos lados mediam 30cm e 15cm, sabendo-se que, após o cozimento, seus lados foram reduzidos em 20%.

Resolução da questão.
Antes do cozimento, a base da peça retangular media 30cm e sua altura media 15cm. Sua área era igual a 225cm^2, dada pelo resultado da multiplicação da sua base pela sua altura, conforme segue.

$$\text{Área antes do cozimento} = \text{base x altura} = 30 \text{ x } 15 = 450 \text{ cm}^2$$

Após o cozimento, a base da peça, que era 30cm, tem diminuição de 20%. O resultado de 20% de 30cm é dado pela multiplicação de 30 por 20/100, ou seja, é dado pela multiplicação de 30 por 0,20, conforme segue.

$$20\% \text{ de } 30 \text{ cm} = 30\text{x}\frac{20}{100} = 30\text{x}0,20 = 6(6 \text{ cm})$$

Ou seja, a base da peça, com o cozimento, passa a ser 24cm, que é a diferença entre o valor inicial de 30cm e a diminuição de 6cm (30-6=24).
Após o cozimento, a altura da peça, que era 15cm, tem diminuição de 20%. O resultado de 20% de 15cm é dado pela multiplicação de 15 por 20/100, ou seja, é dado pela multiplicação de 15 por 0,20, conforme segue.

$$20\% \text{ de } 15 \text{ cm} = 15x\frac{20}{100} = 15x0,20 = 3(3 \text{ cm})$$

Ou seja, a altura da peça, com o cozimento, passa a ser 12cm, que é a diferença entre o valor inicial de 15cm e a diminuição de 3cm (15-3=12).
Logo, após o cozimento, a base da peça retangular passa a medir 24cm e sua altura passa a medir 12cm. Sua nova área é igual a 324cm2, dada pelo resultado da multiplicação da sua base pela sua altura, conforme segue.

$$\text{Área após o cozimento} = \text{base x altura} = 24 \text{ x } 12 = 288 \text{ cm}^2$$

Queremos calcular quanto, em termos percentuais, 288cm^2 (área da peça após o cozimento) representam de 450cm^2 (área original da peça). Para isso, fazemos o cálculo a seguir.

$$\text{Percentual de } 288 \text{ cm}^2 \text{ em } 450 \text{ cm}^2 = \frac{288}{450}.100\% = 64\%$$

Concluímos que, em relação à área original, a área da base dessa peça, após o cozimento, ficou reduzida em 64%.

Alternativa correta: C.

QUESTÃO 3.20 - Tema. Valores das ações de uma empresa.

Questão 3.20 (Enem 2012). O gráfico fornece os valores das ações da empresa *XPN*, no período das 10 às 17 horas, num dia em que elas oscilaram acentuadamente em curtos intervalos de tempo.

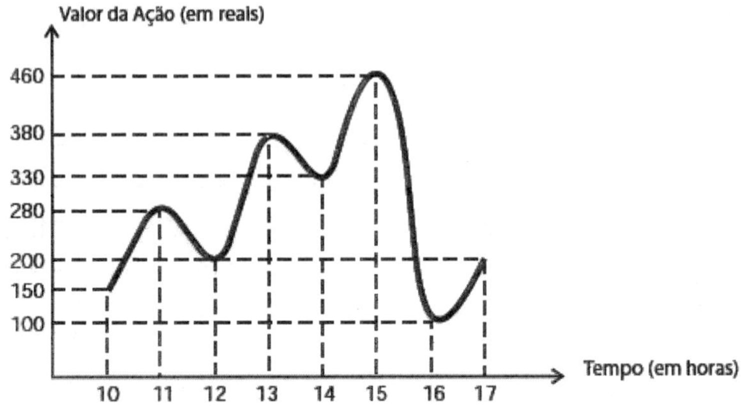

Neste dia, cinco investidores compraram e venderam o mesmo volume de ações, porém em horários diferentes, de acordo com a seguinte tabela.

Investidor	Hora da compra	Hora da venda
1	10:00	15:00
2	10:00	17:00
3	13:00	15:00
4	15:00	16:00
5	16:00	17:00

Com relação ao capital adquirido na compra e venda das ações, qual investidor fez o melhor negócio?

a) 1
b) 2
c) 3
d) 4
e) 5

Análise do enunciado.

O enunciado fornece um gráfico com os valores das ações da empresa *XPN*, no período das 10 às 17 horas de dado dia. Também fornece uma tabela com os horários em que cinco investidores compraram e venderam o mesmo volume de ações nesse dia. Pede-se o investidor que fez o melhor negócio em relação ao capital adquirido na compra e venda das ações.

Resolução da questão.

No quadro a seguir, temos, para cada um dos cinco investidores, a hora da compra, o valor da ação na hora da compra (lido no gráfico), a hora da venda, o valor da ação na hora da venda (lido no gráfico) e o lucro/prejuízo (diferença entre os valores da ação na hora da venda e na hora da compra).

Investidor	Hora da compra	Valor da ação na hora da compra	Hora da venda	Valor da ação na hora da venda	Lucro ou prejuízo (diferença entre os valores da ação na hora da venda e na hora da compra)
1	10:00	R$150,00	15:00	R$460,00	R$460,00-R$150,00 = R$310,00
2	10:00	R$150,00	17:00	R$200,00	R$200,00-R$150,00 = R$50,00
3	13:00	R$380,00	15:00	R$460,00	R$460,00-R$380,00 = R$80,00
4	15:00	R$460,00	16:00	R$100,00	R$100,00-R$460,00 = R$-360,00
5	16:00	R$100,00	17:00	R$200,00	R$200,00-R$100,00 = R$100,00

No quadro a seguir, temos, para cada um dos cinco investidores, o percentual de rendimento, dado pela divisão do lucro/prejuízo pelo valor da ação da hora da compra, sendo essa divisão multiplicada por 100%.

Investidor	Valor da ação na hora da compra	Lucro ou prejuízo (diferença entre os valores da ação na hora da venda e na hora da compra)	Percentual de rendimento (divisão do lucro/prejuízo pelo valor da ação da hora da compra, sendo essa divisão multiplicada por 100%)
1	R$150,00	R$460,00-R$150,00 = R$310,00	$\frac{310}{150}.100\% = 206,7\%$
2	R$150,00	R$200,00-R$150,00 = R$50,00	$\frac{50}{150}.100\% = 33,3\%$
3	R$380,00	R$460,00-R$380,00 = R$80,00	$\frac{80}{380}.100\% = 21,0\%$
4	R$460,00	R$100,00-R$460,00 = R$-360,00	$\frac{-360}{460}.100\% = -78,3\%$
5	R$100,00	R$200,00-R$100,00 = R$100,00	$\frac{100}{100}.100\% = 100\%$

Verificamos que o investidor 1 foi o que obteve maior percentual de rendimento (206,7%).

Alternativa correta: A.

QUESTÃO 3.21 - Tema. Índice de Massa Corporal (IMC) e Índice de Adiposidade Corporal (IAC).

Questão 3.21 (Enem 2011). O Índice de Massa Corporal (IMC) é largamente utilizado há cerca de 200 anos, mas esse cálculo representa muito mais a corpulência que a adiposidade, uma vez que indivíduos musculosos e obesos podem apresentar o mesmo IMC. Uma nova pesquisa aponta o Índice de Adiposidade Corporal (IAC) como uma alternativa mais fidedigna para quantificar a gordura corporal, utilizando a medida do quadril e a altura. A figura mostra como calcular essas medidas, sabendo-se que, em mulheres, a adiposidade normal está entre 19% e 26%.

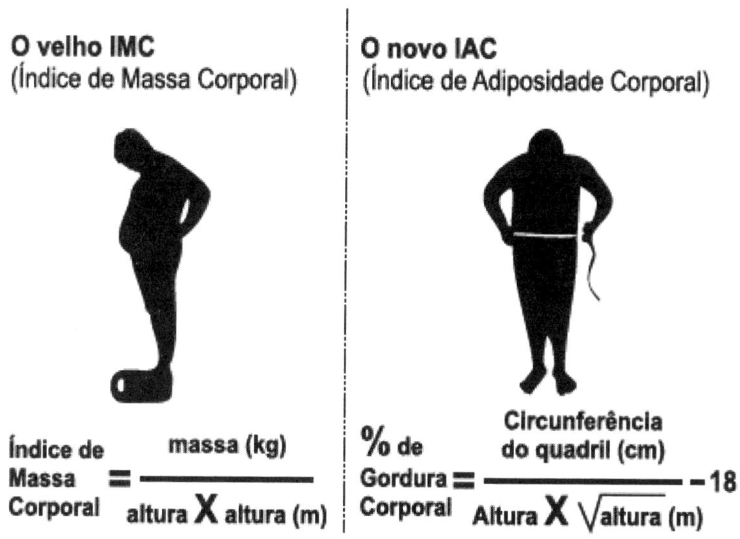

Disponível em: http://www1.folha.uol.com.br. Acesso em: 24 abr. 2011(adaptado).

Uma jovem com IMC = $20 kg/m^2$, 100cm de circunferência dos quadris e 60kg de massa corpórea resolveu averiguar seu IAC. Para se enquadrar aos níveis de normalidade de gordura corporal, a atitude adequada que essa jovem deve ter diante da nova medida é

Observação: use $\sqrt{3} = 1{,}7$ e $\sqrt{1{,}7} = 1{,}3$.

a) reduzir seu excesso de gordura em cerca de 1%.
b) reduzir seu excesso de gordura em cerca de 27%.
c) manter seus níveis atuais de gordura.
d) aumentar seu nível de gordura em cerca de 1%.
e) aumentar seu nível de gordura em cerca de 27%.
f) reduzir seu excesso de gordura em cerca de 5%.

Análise do enunciado.

No enunciado, são dadas as expressões para os cálculos do Índice de Massa Corporal (IMC) e do Índice de Adiposidade Corporal (IAC), sendo que a adiposidade normal está entre 19% e 26%. É dito que uma jovem com IMC = 20kg/m^2, 100cm de circunferência dos quadris e 60kg de massa corpórea resolveu averiguar seu IAC. Pede-se a atitude da jovem para enquadrar-se nos níveis de normalidade de gordura corporal.

Resolução da questão.

A fórmula para calcularmos o IMC é: . $\text{IMC} = \dfrac{\text{massa (kg)}}{\text{altura (m) x altura (m)}}$

Se a jovem tem IMC = 20kg/m^2 e massa igual a 60kg, com o auxílio da fórmula anterior, podemos calcular a sua altura:

$$\text{IMC} = \frac{\text{massa (kg)}}{\text{altura (m) x altura (m)}} \Rightarrow 20 = \frac{60}{\text{altura}^2} \Rightarrow 20 \text{ x altura}^2 = 60$$

$$\text{altura}^2 = \frac{60}{20} \Rightarrow \text{altura}^2 = 3 \Rightarrow \text{altura} = \sqrt{3} \Rightarrow \text{altura} = 1{,}7 \text{ m}$$

A fórmula para calcularmos o percentual de Gordura Corporal é:

$$\%\ \text{Gordura Corporal} = \frac{\text{Circunferência do quadril (cm)}}{\text{altura (m) x}\sqrt{\text{altura (m)}}} - 18$$

Se a jovem tem altura igual a 1,7m (valor calculado) e 100cm de circunferência dos quadris (valor dado no enunciado), com o auxílio da fórmula anterior, podemos calcular percentual de Gordura Corporal:

$$\%\ \text{Gordura Corporal} = \frac{\text{Circunferência do quadril (cm)}}{\text{altura (m) x}\sqrt{\text{altura (m)}}} - 18 = \frac{100}{1,7\ \text{x}\sqrt{1,7}} - 18$$

$$\%\ \text{Gordura Corporal} = \frac{100}{1,7\ \text{x}\,1,3} - 18 = 27,25\%$$

Foi dito que a adiposidade normal está entre 19% e 26% e calculamos a adiposidade da jovem como 27,25%. Logo, ela teria de passar de 27,25% de percentual de gordura corporal para 26% de percentual de gordura corporal, ou seja, diminuir 1,25% do valor inicial.

Assim, temos de verificar o quanto 1,25% representam em 27,25%. Para isso, fazemos o cálculo a seguir.

$$1,25\%\ \text{em}\ 27,25\% = \frac{1,25}{27,25}.100\% = 4,6\%$$

Comentário.

Não há, nas alternativas A, B, C, D e E, a resposta correta. Introduzimos a alternativa F, que não estava na questão, a fim de podermos indicar uma resposta correta.

Alternativa correta: F.

QUESTÃO 3.22 - Tema. Reciclagem de PET.

Questão 3.22 (Enem 2015). O polímero de PET (Politereftalato de Etileno) é um dos plásticos mais reciclados em todo o mundo devido à sua extensa gama de aplicações, entre elas, fibras têxteis, tapetes, embalagens, filmes e cordas. Os gráficos mostram o destino do PET reciclado no Brasil, sendo que, no ano de 2010, o total de PET reciclado foi de 282 kt (quilotoneladas).

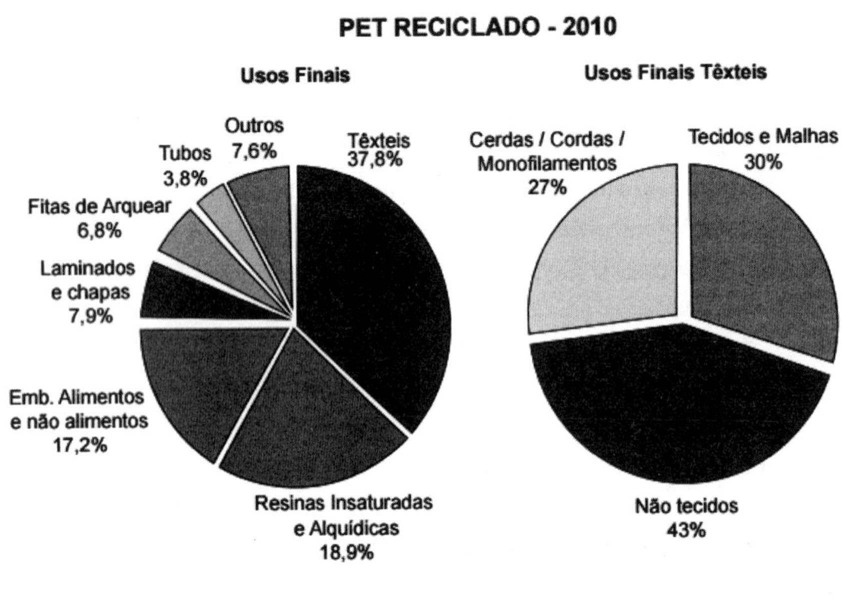

Disponível em: www.abipet.org.br. Acesso em: 12 jul. 2012 (adaptado).

De acordo com os gráficos, a quantidade de embalagens PET recicladas destinadas à produção de tecidos e malhas, em kt, é mais aproximada de

a) 16,0.
b) 22,9.
c) 32,0.
d) 84,6.
e) 106,6.

Análise do enunciado.

No enunciado, são fornecidos gráficos que mostram o destino do PET reciclado no Brasil. É dito que, em 2010, o total de PET reciclado foi de 282kt.

Pede-se a "quantidade" de embalagens PET recicladas destinadas à produção de tecidos e malhas, em kt.

Resolução da questão.

De acordo com o texto e com o gráfico da esquerda, 37,8% dos 282kt de PET reciclados destinaram-se à indústria têxtil. Ou seja, de 106,6kt PET reciclados destinaram-se à indústria têxtil, pois

$$37{,}8\% \text{ de } 282\text{kt} = 282\text{x}\frac{37{,}8}{100} = 282\text{x}0{,}378 = 106{,}6\ (106{,}6\text{kt})$$

De acordo com o texto e com o gráfico da direita, 30% dos 106,6 kt de PET reciclados e destinados à indústria têxtil referem-se aos tecidos e às malhas. Ou seja, cerca de 32kt PET reciclados e destinados à indústria têxtil referem-se aos tecidos e às malhas, pois

$$30\% \text{ de } 106{,}6\text{kt} = 106{,}6\text{x}\frac{30}{100} = 106{,}6\text{x}0{,}3 = 32\ (32\text{kt})$$

Alternativa correta: C.

QUESTÃO 3.23 - Tema. Financiamento imobiliário.

Questão 3.23 (Enem 2015). Um casal realiza um financiamento imobiliário de R$180.000,00, a ser pago em 360 prestações mensais, com taxa de juros efetiva de 1% ao mês. A primeira prestação é paga um mês após a liberação dos recursos e o valor da prestação mensal é de R$500,00 mais juro de 1% sobre o saldo devedor (valor devido antes do pagamento). Observe que, a cada pagamento, o saldo devedor se reduz em R$500,00 e considere que não há prestação em atraso. Efetuando o pagamento dessa forma, o valor, em reais, a ser pago ao banco na décima prestação é de

a) 2.075,00.
b) 2.093,00.
c) 2.138,00.
d) 2.255,00.
e) 2.300,00.

Análise do enunciado.

No enunciado, informa-se que um casal faz financiamento imobiliário de R$180.000,00 em 360 prestações mensais, com taxa de juros efetiva de 1% ao mês. A primeira prestação vence um mês após a liberação dos recursos e o valor da prestação mensal é de R$500,00 mais juro de 1% sobre o saldo devedor (valor devido antes do pagamento). A cada pagamento efetuado, o saldo devedor diminui em R$500,00.

Considerando-se que não há prestação em atraso, pede-se o valor, em reais, a ser pago ao banco na décima prestação.

Resolução da questão.

No pagamento da décima prestação, visto que não há atrasos, já foram pagas 9 prestações.

A cada pagamento efetuado, o saldo devedor diminui em R$500,00. Assim, após 9 prestações pagas, o saldo devedor diminui em R$4.500,00, pois 9x500=4.500.

Se retirarmos R$4.500,00 dos R$100.000,00 financiados, ou seja, se fizermos a subtração 180.000-4.500=175.500, ficamos com saldo devedor de R$175.500,00 no pagamento da décima prestação.

Se aplicarmos a taxa de juros de 1% sobre R$175.500,00, ficamos com R$1.755,00, conforme mostrado a seguir.

$$1\% \text{ de R\$}175.500{,}00 = 175.500 \text{x} \frac{1}{100} = 175.500 \text{x} 0{,}01 = 1{,}755 \text{ (R\$1.755,00)}$$

Logo, a décima prestação é R$2.255,00, pois é a soma do valor mensal de R$500,00 com o juro de R$1.7550,00 (500+1755=2255).

Alternativa correta: D.

CAPÍTULO 4

TRANSFORMAÇÃO DE UNIDADES

Duas das principais transformações de unidades referem-se a transformações de unidades de espaço (por exemplo, de quilômetros para metros) e a transformações de unidades de tempo (por exemplo, de horas para minutos).
Para fazermos essas transformações, podemos usar os quadros 4.1 e 4.2.

ESPAÇO

Quadro 4.1. Equivalências entre unidades de medidas

Quilômetro (km)	Hectômetro (hm)	Decâmetro (dam)	Metro (m)	Decímetro (dm)	Centímetro (cm)	Milímetro (mm)
1.000m	100m	10m	1m	0,1m	0,01m	0,001m

TEMPO

Quadro 4.2. Equivalências entre unidades de medidas

Hora (h)	Minuto (min)	Segundo (s)
1h	60min	3.600s

Vamos pensar no exemplo 4.1.

Exemplo 4.1. Júlia diz que fez um teste com 10 questões em 1 hora, 32 minutos e 27 segundos. Luiz diz que fez o mesmo teste em 6.123 segundos. Quem fez o teste no menor tempo?
Para podermos comparar os tempos que Júlia e Luiz levaram para terminar o teste, precisamos usar a mesma unidade de tempo.
Vamos transformar 1 hora, 32 minutos e 27 segundos no seu equivalente em segundos.

Sabemos que 1 hora equivale a 3.600 segundos.
Como 1 minuto equivale a 60 segundos, 32 minutos equivalem a 1.920 segundos, pois 32x60=1.920.
Assim, 1 hora, 32 minutos e 27 segundos equivale a 5.547 segundos, que é o resultado da seguinte soma: 3.600+1.920+27=5.547.
Vemos que Júlia levou 5.547 segundos para terminar o teste e Luiz levou 6.123 segundos para terminá-lo. Logo, Júlia foi "mais rápida".

As questões 4.1 a 4.3 fornecem situações que demandam transformações de unidades.

QUESTÃO 4.1 - Tema. Medidas de um carro.

Questão 4.1 (Enem 2011). Um mecânico de uma equipe de corrida necessita que as seguintes medidas realizadas em um carro sejam obtidas em metros: a) distância a entre os eixos dianteiro e traseiro; b) altura b entre o solo e o encosto do piloto.

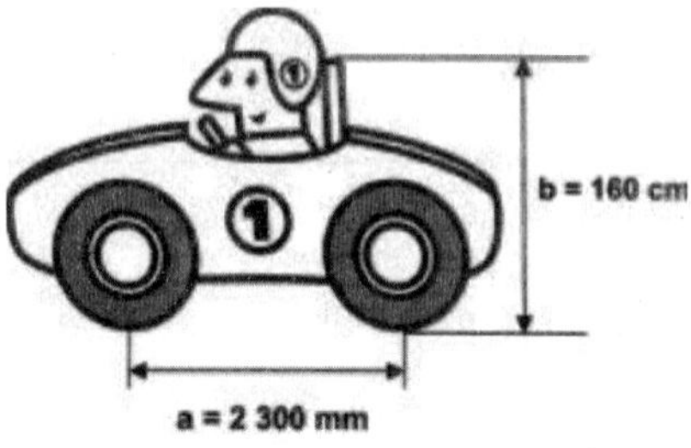

Ao optar pelas medidas a e b em metros, obtêm-se, respectivamente,

a) 0,23 e 0,16.
b) 2,3 e 1,6.
c) 23 e 16.
d) 230 e 160.
e) 2.300 e 1.600.

Análise do enunciado.

No enunciado, é dada uma figura que apresenta, em mm (milímetros), duas medidas de um carro:

- a distância a entre os eixos dianteiro e traseiro e
- a altura b entre o solo e o encosto do piloto.

São pedidas as medidas a e b em m (metros).

Resolução da questão.

Visto que 1m equivale a 1.000mm (1m = 1.000mm), para transformarmos a medida a de 2.300mm para seu valor equivalente em m, fazemos a regra de três a seguir.

$$\begin{array}{|c|}\hline 1m - 1.000m \\ a - 2.300m \\ \hline\end{array}$$

Para acharmos o resultado a, fazemos a seguinte igualdade, vinda da multiplicação "em cruz" dos valores presentes no esquema anterior:

$$\text{ax}1.000 = 1\text{x}2.300 \Rightarrow a = \frac{2.300}{1.000} \Rightarrow a = 2{,}3 \text{ m}$$

Visto que 1 m equivale a 100cm (1m = 100cm), para transformarmos a medida b de 160cm para seu valor equivalente em m, fazemos a regra de três a seguir.

$$\begin{array}{|c|}\hline 1m - 100m \\ b - 160m \\ \hline\end{array}$$

Para acharmos o resultado b, fazemos a seguinte igualdade, vinda da multiplicação "em cruz" dos valores presentes no esquema anterior:

$$ax100 = 1x160 \Rightarrow b = \frac{160}{100} \Rightarrow b = 1,6\text{ m}$$

Alternativa correta: B.

QUESTÃO 4.2 - Tema. A maior piscina do mundo.

Questão 4.2 (Enem 2014). A maior piscina do mundo, registrada no livro *Guiness*, está localizada no Chile, em San Alfonso del Mar, cobrindo um terreno de 8 hectares de área. Sabe-se que 1 hectare corresponde a 1 hectômetro quadrado. Qual é o valor, em metros quadrados, da área coberta pelo terreno da piscina?

a) 8
b) 80
c) 800
d) 8.000
e) 80.000

Análise do enunciado.
No enunciado, informa-se que a maior piscina do mundo ocupa um terreno de 8 hectares de área. Pede-se o valor, em metros quadrados, da área coberta pelo terreno da piscina, sabendo-se que 1 hectare corresponde a 1 hectômetro quadrado.

Resolução da questão.
Para resolvermos à questão, precisamos saber as equivalências entre unidades de medidas, dadas no quadro a seguir.

Quadro. Equivalências entre unidades de medidas

Quilômetro (km)	Hectômetro (hm)	Decâmetro (dam)	Metro (m)	Decímetro (dm)	Centímetro (cm)	Milímetro (mm)
1.000m	100m	10m	1m	0,1m	0,01m	0,001m

Se um hectômetro (1hm) equivale a cem metros (100m), então 1 hectômetro quadrado (hm^2) equivale a dez mil metros quadrados ($10.000m^2$), pois:

$(1hm)^2 = (100m)^2 \Rightarrow 1^2 hm^2 = 100^2 m^2 \Rightarrow 1hm^2 = 10.000m^2$

Foi dito que a piscina ocupa um terreno de 8 hectares de área e que 1 hectare corresponde a 1 hectômetro quadrado. Logo, a piscina ocupa 8 hectômetros quadrados ($8hm^2$).
Como 1 hm^2 equivale $10.000m^2$, então $8hm^2$ equivalem a $80.000m^2$, valor dado pela multiplicação de 8 por 10.000.

Alternativa correta: E.

QUESTÃO 4.3 - Tema. Exportações de soja.

Questão 4.3 (Enem 2015). As exportações de soja do Brasil totalizaram 4,129 milhões de toneladas no mês de julho de 2012 e registraram aumento em relação ao mês de julho de 2011, embora tenha havido baixa em relação ao mês de maio de 2012.

Disponível em: www.noticiasagricolas.com.br. Acesso em: 2 ago. 2012.

A quantidade, em quilogramas, de soja exportada pelo Brasil no mês de julho de 2012 foi de

a) $4,129 \times 10^3$
b) $4,129 \times 10^6$
c) $4,129 \times 10^9$
d) $4,129 \times 10^{12}$
e) $4,129 \times 10^{15}$

Análise do enunciado.
No enunciado, informa-se que, em julho de 2012, as exportações de soja do Brasil totalizaram 4,129 milhões de toneladas.
Pede-se essa quantidade em quilogramas.

Resolução da questão.
O total de 4,129 milhões de toneladas pode ser escrito com $4,129 \times 10^6$ toneladas.
Uma tonelada equivale a 1.000kg ou 10^3kg.

Logo, 4,129 milhões de toneladas equivalem a $4{,}129 \times 10^9$kg, pois

$$4{,}129 \times 10^6 \text{ ton} = 4{,}129 \times 10^6 \times 10^3 \text{ kg} = 4{,}129 \times 10^{6+3} \text{ kg} = 4{,}129 \times 10^9 \text{ kg}$$

Alternativa correta: C.

CAPÍTULO 5

FUNÇÃO DO 1° GRAU

Uma função matemática que tem muitas aplicações em situações práticas é a função do primeiro grau. Como podemos "ver" uma função do 1° grau?
No quadro 5.1 a seguir, temos um exemplo de visualização desse tipo de função por meio de três formas diferentes: equação ("fórmula"), gráfico e tabela.

Quadro 5.1. Visualização de uma função do 1° grau por meio de equação ("fórmula"), gráfico e tabela.

<table>
<tr><th>Equação</th><th>Gráfico</th><th>Tabela</th></tr>
<tr><td>y=2x+1</td><td>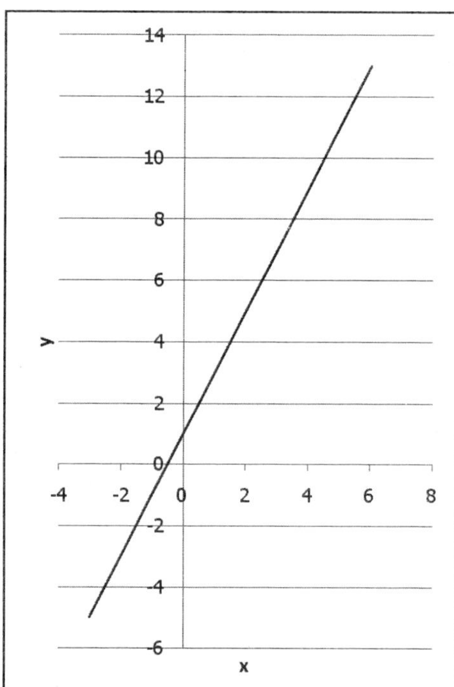
</td><td><table>
<tr><th>x</th><th>y</th></tr>
<tr><td>-3</td><td>-5</td></tr>
<tr><td>0</td><td>1</td></tr>
<tr><td>4</td><td>9</td></tr>
<tr><td>6</td><td>13</td></tr>
</table></td></tr>
</table>

Na fórmula y=2x+1, o símbolo "x" representa a variável independente ("posição de entrada de valores") e o símbolo y representa a variável dependente ("posição de saída de valores"). Por exemplo, se pensamos em x igual a 3, a "fórmula" y=2x+1 retorna y igual a 7, pois duas vezes três mais 1 resulta em 7.

A regra "embutida" em y=2x+1 é: "dê um valor para **x**, multiplique-o por 2, some 1 e guarde esse resultado em **y**".
O gráfico de y=2x+1 possibilita uma visão "espacial" da função: ele é uma reta crescente, inclinada para o lado direito.

A tabela do quadro 5.1 referente à função y=2x+1 permite que vejamos alguns valores de "entrada na variável x" e de "saída na variável y".
De modo geral, toda função do 1º grau é uma reta e segue a equação **y=a.x+b**. Nessa equação, **x** é a variável independente; **y** é a variável dependente; **a** é o coeficiente angular da reta (diferente de zero); e **b** é o coeficiente linear da reta.
O domínio da função do 1º grau é o conjunto de todos os números reais, pois podemos substituir a variável x por qualquer número real. A sua imagem também é o conjunto de todos os números reais, pois y pode "retornar" qualquer número real.

O coeficiente angular **a** está relacionado com a inclinação da reta: se a>0, temos uma reta inclinada para o lado direito; e se a<0, temos uma reta inclinada para o lado esquerdo.
O coeficiente linear **b** é a posição onde a reta passa pelo eixo vertical (eixo y).
Por exemplo, o coeficiente angular de y=-5x+3 é -5 (a=-5) e seu coeficiente linear é 3 (b=3). Trata-se de uma reta inclinada para a esquerda, pois seu coeficiente angular é negativo, e que intercepta o eixo vertical na posição 3.
Agora, vamos ver como podemos calcular o coeficiente angular de uma função do 1º grau se tivermos o seu gráfico.

Na figura 5.1, podemos visualizar os pontos $P1=(x_1,y_1)$ e $P2=(x_2,y_2)$ de uma reta, sendo x_1 a abscissa do ponto P1; y_1 a ordenada do ponto P1; x_2 a abscissa do ponto P2; e y_2 a ordenada do ponto P2.

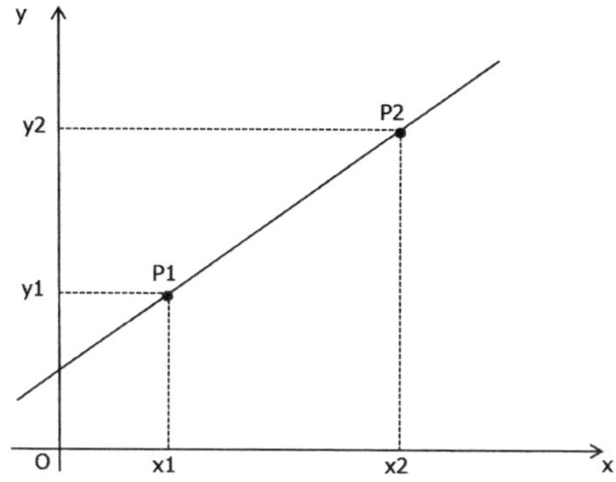

Figura 5.1. Pontos P1=(x_1,y_1) e P2=(x_2,y_2) de uma reta.

O coeficiente angular da reta é $a = \dfrac{y_2 - y_1}{x_2 - x_1}$. Vejamos um exemplo.

Exemplo 5.1. Calcule o coeficiente angular da reta mostrada no gráfico da figura 5.2.

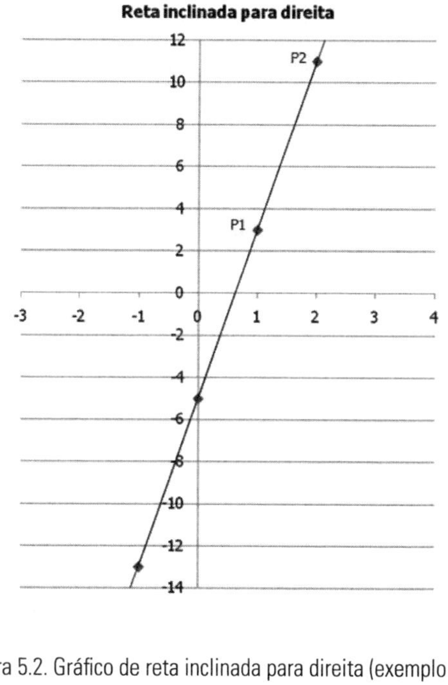

Figura 5.2. Gráfico de reta inclinada para direita (exemplo 5.1).

Na figura 5.2, estão indicados os pontos P1 e P2, cujas coordenadas são: P1=(x1,y1) = (1,3) e P2=(x2,y2) = (2,11).
Com base nesses pontos, ou em quaisquer outros dois pontos da reta em estudo, podemos calcular seu coeficiente angular **a**, conforme segue.

$$a = \frac{y_2 - y_1}{x_2 - x_1} = \frac{11-3}{2-1} = \frac{8}{1} \Rightarrow a = 8$$

O coeficiente angular **a** igual a 8 significa que se aumentarmos uma unidade "no valor de x", aumentaremos "8 unidades no valor de y"; se aumentarmos duas unidades "no valor de x", aumentaremos "16 unidades no valor de y"; e assim por diante.

Para entendermos melhor esse tema, vamos pensar nas questões 5.1 a 5.4 a seguir, que tratam, por meio de situações concretas, de aplicações da função do 1º grau.

QUESTÃO 5.1 - Tema. Curvas de oferta e de demanda de um produto.

Questão 5.1 (Enem 2012). As curvas de oferta e de demanda de um produto representam, respectivamente, as quantidades que vendedores e consumidores estão dispostos a comercializar em função do preço do produto. Em alguns casos, essas curvas podem ser representadas por retas. Suponha que as quantidades de oferta e de demanda de um produto sejam, respectivamente, representadas pelas equações:

- $Q_O = -20 + 4P$
- $Q_D = 46 - 2P$

Nas expressões, Q_O é quantidade de oferta, Q_D é a quantidade de demanda e P é o preço do produto.

A partir dessas equações, de oferta e de demanda, os economistas encontram o preço de equilíbrio de mercado, ou seja, quando Q_O e Q_D se igualam.

Para a situação descrita, qual o valor do preço de equilíbrio?

a) 5　　b) 11　　c) 13　　d) 23　　e) 33

Análise do enunciado.

No enunciado, informa-se que, em certa situação, a quantidade de oferta Q_O de um produto, em função do seu preço P, é dada por $Q_O=-20+4P$. A quantidade de demanda Q_D do produto, em função do seu preço P, é dada por $Q_D=46-2P$. É dito que o preço de equilíbrio de mercado é encontrado quando Q_O e Q_D se igualam.

Pede-se o valor do preço de equilíbrio.

Resolução da questão.

O próprio enunciado ensina que o preço P de equilíbrio é calculado fazendo Q_O igual a Q_D. Logo:

$$Q_O = Q_D \Rightarrow -20 + 4P = 46 - 2P \Rightarrow 4P + 2P = 46 + 20 \Rightarrow 6P = 66 \Rightarrow P = \frac{66}{6} = 11$$

Concluímos que o preço de equilíbrio é igual a 11 reais.

Alternativa correta: B.

QUESTÃO 5.2 - Tema. Quantidades de trabalhadores no setor varejista e meses do ano.

Questão 5.2 (Enem 2011). O saldo de contratações no mercado formal no setor varejista da região metropolitana de São Paulo registrou alta. Comparando as contratações deste setor no mês de fevereiro com as de janeiro deste ano, houve incremento de 4.300 vagas no setor, totalizando 880.605 trabalhadores com carteira assinada.

Disponível em: http://www.folha.uol.com.br. Acesso em: 26 abr. 2010 (adaptado).

Suponha que o incremento de trabalhadores no setor varejista seja sempre o mesmo nos seis primeiros meses do ano. Considerando-se que Y e X representam, respectivamente, as quantidades de trabalhadores no setor varejista e os meses, janeiro sendo o primeiro, fevereiro, o segundo, e assim por diante, a expressão algébrica que relaciona essas quantidades nesses meses é

a) Y = 4.300X
b) Y = 884.905X
c) Y = 872.005+4.300X
d) Y = 876.305+4.300X
e) Y = 880.605+4.300X

Análise do enunciado.

No enunciado, informa-se que, de janeiro para fevereiro de 2010, houve incremento de 4.300 vagas no setor varejista de São Paulo, o que totalizou 880.605 trabalhadores com carteira assinada.

Supõe-se que o incremento de trabalhadores no setor varejista seja sempre o mesmo nos seis primeiros meses do ano.

Considera-se que Y representa as quantidades de trabalhadores no setor varejista e que X representa os meses (janeiro é primeiro, fevereiro é o segundo etc.).

Pede-se a expressão algébrica que relaciona as variáveis X e Y nos primeiros meses de 2010.

Resolução da questão.

Foi dito que Y representa as quantidades de trabalhadores no setor varejista e que X representa os primeiros meses de 2010 (janeiro é primeiro, fevereiro é o segundo etc.).

Como o incremento na quantidade de trabalhadores no setor varejista é sempre o mesmo nos seis primeiros meses do ano, as variáveis X e Y relacionam-se por meio de uma função do primeiro grau dada por Y=aX+b, sendo a o coeficiente linear e b o coeficiente angular da função.

O incremento mensal na quantidade de trabalhadores, que é de 4.300 trabalhadores por mês, representa o coeficiente angular a de Y=aX+b, ou seja, a=4.300.

Logo, ficamos com Y=4.300X+b.

Foi dito que, em fevereiro (em X=2), o número total de trabalhadores foi de 880.605 (se X=2, então Y=880.605).
Se substituirmos X por 2 e Y por 880.605 em Y=4.300X+b ficamos com:

$$880.605 = 4.300x2 + b \Rightarrow 880.605 = 8.600 + b \Rightarrow 880.605 - 8.600 = b \Rightarrow b = 872.005$$

$$Y = 4.300X + 872.005$$

Alternativa correta: C.

QUESTÃO 5.3 - Tema. Licitação para construção de nova rodovia.

Questão 5.3 (Enem 2011). O prefeito de uma cidade deseja construir uma rodovia para dar acesso a outro município. Para isso, foi aberta uma licitação na qual concorreram duas empresas. A primeira cobrou R$100.000,00 por km construído (N), acrescidos de um valor fixo de R$350.000,00, enquanto a segunda cobrou R$120.000,00 por km construído (N), acrescidos de um valor fixo de R$150.000,00. As duas empresas apresentam o mesmo padrão de qualidade dos serviços prestados, mas apenas uma delas poderá ser contratada. Do ponto de vista econômico, qual equação possibilitaria encontrar a extensão da rodovia que tornaria indiferente para a prefeitura escolher qualquer uma das propostas apresentadas?

a) 100N+350=120N+150
b) 100N+150=120N+350
c) 100(N+350) = 120(N+150)
d) 100(N+350.000) = 120(N+150.000)
e) 350(N+100.000) = 150(N+120.000)

Análise do enunciado.
No enunciado, informa-se que o prefeito de uma cidade abriu licitação para construir uma rodovia, na qual concorreram duas empresas. A primeira cobrou R$100.000,00 por km construído (N), acrescidos de valor fixo de R$350.000,00, e a segunda cobrou R$120.000,00 por km construído (N), acrescidos de valor fixo de R$150.000,00.

Pede-se, do ponto de vista econômico, a equação que possibilitaria encontrar a extensão da rodovia que tornaria indiferente escolher qualquer uma das propostas.

Resolução da questão.

Na primeira proposta, a empresa cobrou R$100.000,00 por km construído, acrescidos de valor fixo de R$350.000,00.

Se N é o número de quilômetros construídos e V é o valor cobrado, na primeira proposta, a equação que relaciona N e V é:

$$V = 100.000N + 350.000$$

Na segunda proposta, a empresa cobrou R$120.000,00 por km construído, acrescidos de valor fixo de R$150.000,00.

Se N é o número de quilômetros construídos e V é o valor cobrado, na segunda proposta, a equação que relaciona N e V é:

$$V = 120.000N + 150.000$$

Para encontrarmos a expressão que equação possibilitaria encontrar a extensão da rodovia que tornaria indiferente para a prefeitura escolher qualquer uma das propostas, precisamos igualar as duas equações anteriores. Ou seja,

$$100.000N + 350.000 = 120.000N + 150.000$$

Podemos dividir tanto o lado direito quanto o lado esquerdo da expressão por 1.000. Assim, ficamos com:

$$100N + 350 = 120N + 150$$

Alternativa correta: A.

QUESTÃO 5.4 - Tema. Plano de conta mensal de operadora de celular.

Questão 5.4 (Enem 2015). Após realizar uma pesquisa de mercado, uma operadora de telefonia celular ofereceu aos clientes que utilizavam até 500 ligações ao mês o seguinte plano mensal: um valor fixo de R$12,00 para os clientes que fazem até 100 ligações ao mês. Caso o cliente faça mais de 100 ligações, será cobrado um valor adicional de R$0,10 por ligação, a partir da 101ª até a 300ª; e caso realize entre 300 e 500 ligações, será cobrado um valor fixo mensal de R$32,00.

Com base nos elementos apresentados, o gráfico que melhor representa a relação entre o valor mensal pago nesse plano e o número de ligações feitas é:

a) 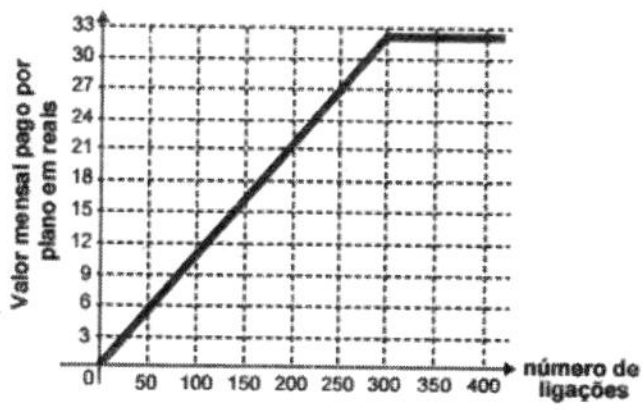

b) 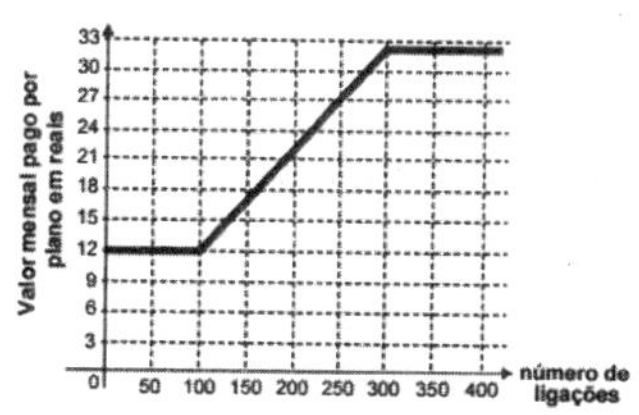

c) 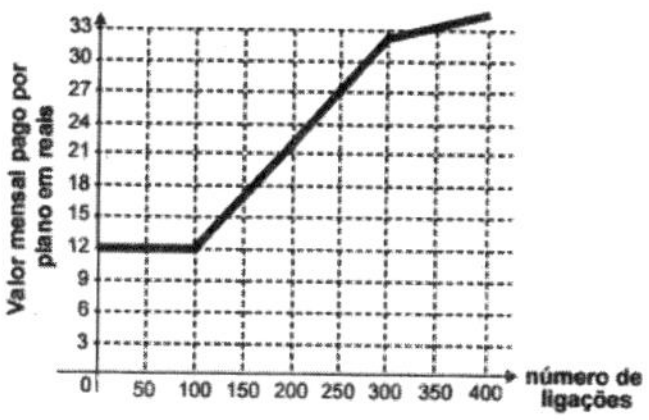

d) 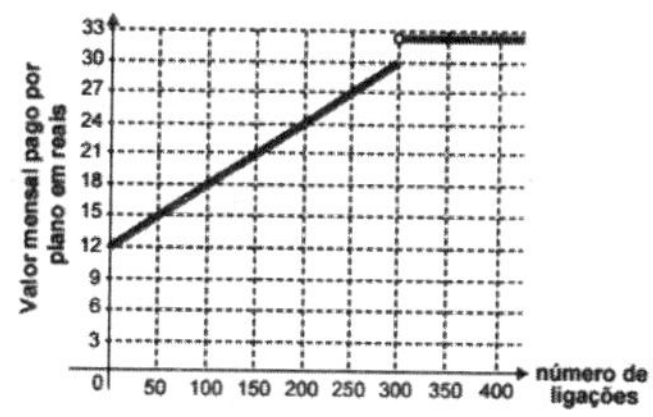

e) 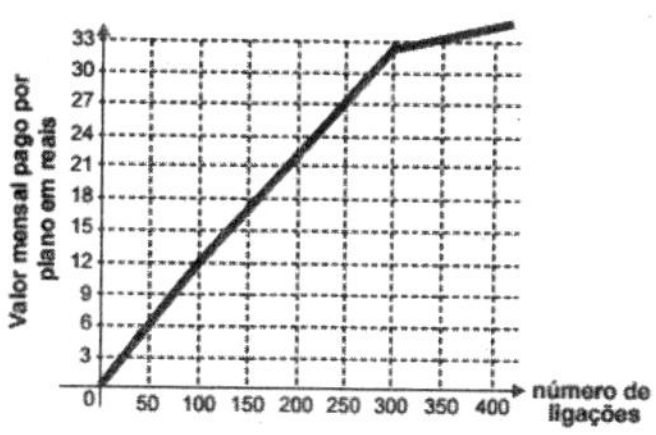

Análise do enunciado.

No enunciado, informa-se que uma operadora de telefonia celular ofereceu aos clientes que utilizavam até 500 ligações ao mês o plano mensal a seguir.

- Para clientes que fazem até 100 ligações ao mês, será cobrado valor fixo mensal de R$12,00.
- Para clientes que fazem entre 100 e 300 ligações, será cobrado valor adicional de R$0,10 por ligação, a partir da 101ª até a 300ª.
- Para clientes que fazem entre 300 e 500 ligações, será cobrado valor fixo mensal de R$32,00.

Pede-se o gráfico que representa a relação entre o valor mensal pago nesse plano e o número de ligações feitas.

Resolução da questão.

Se chamarmos de N o número de ligações mensais que o cliente faz e de V o valor da sua conta mensal de celular, ficamos com o que está resumido na tabela a seguir.

N (nº de ligações mensais)	V, em R$ (valor da conta mensal)	Observação
$N \le 100$	$V = 12$	Valor constante
$100 < N \le 300$	$V = 12 + (N - 100).\ 0{,}1$	Valor que cresce linearmente com o número de ligações
$300 < N \le 500$	$V = 32$	Valor constante

Vemos que para $N \le 100$ e para $300 < N \le 500$, os valores da conta mensal não mudam com o número de ligações, ou seja, são constantes e seguem os pontos de uma reta horizontal em gráfico contendo o número N de ligações mensais no eixo horizontal e o valor V da conta mensal no eixo vertical.

Assim, descartamos os gráficos das alternativas A, D e E (que não mostram valor V mensal de conta constante para $N \leq 100$) e da alternativa C (que não mostra valor V mensal de conta constante para $300 < N \leq 500$).

O único gráfico que indica valor de conta mensal constante de R$12,00 para $N \leq 100$, valor de conta mensal que segue uma reta (função do 1º grau) para $100 < N \leq 300$ e valor de conta mensal constante de R$32,00 para $300 < N \leq 500$ é o da alternativa B.

Vale notar que a situação proposta seria mais bem representada se, em vez de "retas cheias", houvesse pontos nos gráficos, pois só há sentido pensarmos em números inteiros de ligações feitas (N=0, N=1, N=2, ..., N=500). Ou fazemos uma ligação ou não fazemos ligação: não dá para fazer "meia ligação" ou "0,7 ligação"... Ou seja, a solução do problema é apenas representada por alguns pontos dos gráficos fornecidos.

CAPÍTULO 6

FUNÇÃO DO 2º GRAU

O gráfico de uma função do 2º grau chama-se parábola. As parábolas podem ter concavidade para baixo (figura 6.1a) ou concavidade para cima (figura 6.1b).

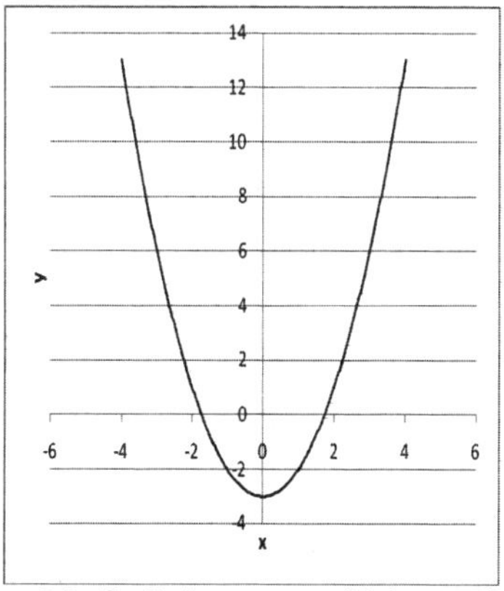

Figura 6.1a. Parábola com concavidade para cima.

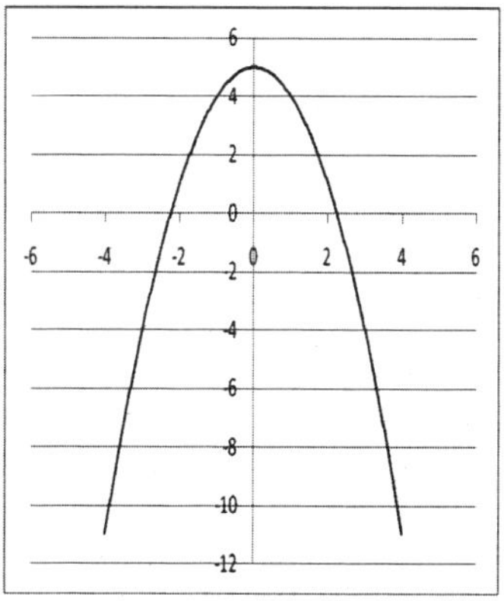

Figura 6.1b. Parábola com concavidade para baixo.

A equação de uma função do 2º grau é $y = ax^2 + bx + c$, sendo **a**, **b** e **c** números reais e $a \neq 0$. Por exemplo, $y = 3x^2 + 5x + 7$ e $y = -2x^2 + 4x - 3$ são equações de funções do 2º grau.

Se, em $y = ax^2 + bx + c$, **a** for um número maior do que zero (**a**>0), a parábola tem concavidade voltada para cima. Se **a** for um número menor do que zero (**a**<0), a parábola tem concavidade voltada para baixo.
O valor de **c** é a posição em que a parábola "corta" o eixo vertical y.
No quadro 6.1, temos exemplos de funções do 2º grau, com destaques para os valores de **a**, **b** e **c** e para a concavidade da parábola.

Quadro 6.1. Exemplos de funções do 2º grau.

Equação	a	b	c	Concavidade
$y = 5x^2 - 2x + 8$	5	-2	8	Para cima
$y = - x^2 - 4x + 5$	-1	4	-5	Para baixo
$y = x^2 - 2x$	1	2	0	Para baixo
$y = - 5x^2 - 0{,}23$	-5	0	0,23	Para baixo
$y = - 1{,}47x^2 - 4x - 5$	1,47	4	-5	Para cima

Se a parábola não cortar o eixo horizontal x, dizemos que ela não tem raízes reais. Se a parábola cortar o eixo horizontal x apenas uma vez, dizemos que ela tem apenas uma raiz real. Se a parábola cortar o eixo horizontal x duas vezes, que é o número máximo de vezes, dizemos que ela tem duas raízes reais.

As raízes da função do 2º grau são geralmente representadas por x_1 e x_2. Para calcularmos esses valores, caso eles existam, precisamos inicialmente determinar o "valor de delta", dado por: $\Delta = b^2 - 4.a.c$.

Se o valor de Δ for negativo ($\Delta < 0$), a parábola não tem raízes reais e não corta o eixo x, conforme ilustrado na figura 6.2.

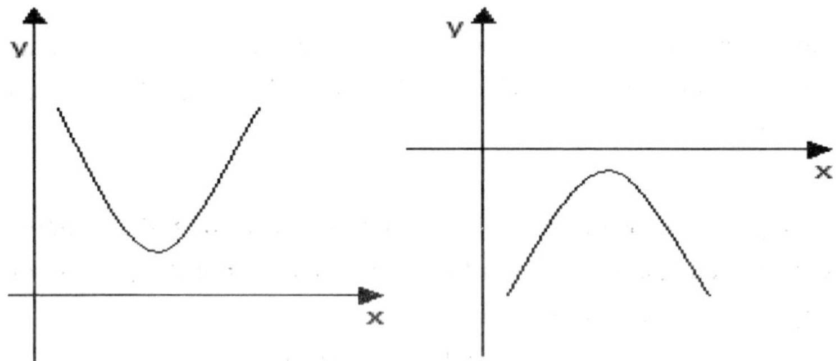

Figura. 6.2. Parábolas que não cortam o eixo x (D<0).

Se o valor de Δ for positivo ou zero ($\Delta \geq 0$), as raízes por x_1 e x_2 da parábola são calculadas conforme segue:

$$x_1 = \frac{-b + \sqrt{\Delta}}{2.a} \quad e \quad x_2 = \frac{-b - \sqrt{\Delta}}{2.a}.$$

Vemos que se Δ for igual a zero ($\Delta = 0$), as raízes x1 e x2 da parábola são iguais.
Toda parábola tem um vértice V, de coordenadas $V=(x_V,y_V)$, que é seu ponto extremo ("ponto mais alto" ou "ponto mais baixo").
O vértice V é o ponto máximo de uma parábola de concavidade para baixo ou o ponto mínimo de uma parábola de concavidade para cima. A abscissa do vértice (x_V) e a ordenada do vértice (y_V) são calculadas por:

$$x_v = \frac{-b}{2a} \quad e \quad y_v = \frac{-\Delta}{4a}.$$

Na figura 6.3, temos a indicação do vértice V de uma parábola qualquer.

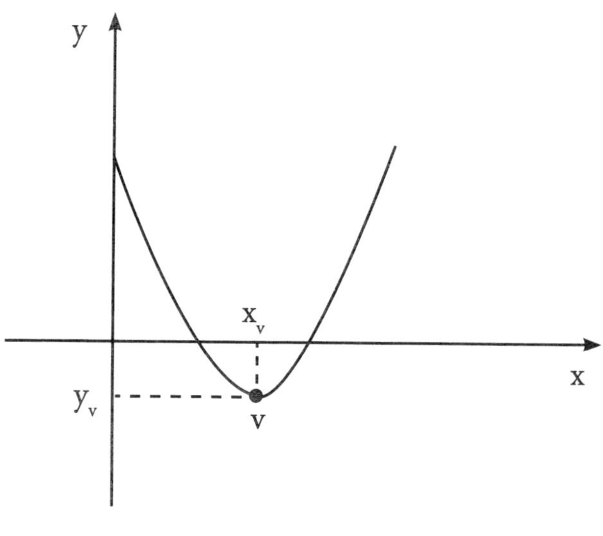

Figura 6.3. Vértice V de uma parábola qualquer.

Exemplo 6.1. Analise a função $y = 3x^2 + 6x - 24$.
A função $y = 3x^2 + 6x - 24$ segue o "modelo" $y = ax^2 + bx + c$, que é a equação de uma função do 2º grau. Nela, temos **a=3**, **b=6** e **c=-24**.
Como **a** é maior do que zero (**a=3**), o gráfico de $y = 3x^2 + 6x - 24$ é uma parábola com concavidade para cima. Essa parábola corta o eixo vertical y na posição -24, pois esse é o valor de **c** (**c=-24**).
Para acharmos as raízes x_1 e x_2 de $y = 3x^2 + 6x - 24$, precisamos inicialmente determinar o "valor de delta", dado por: $\Delta = b^2 - 4.a.c.$

No caso: $\Delta = b^2 - 4.a.c. = (6)2 - 4(3).(-24) = 36 + 288 = 324$

As raízes x_1 e x_2 da parábola são calculadas conforme segue:

$$x_1 = \frac{-b+\sqrt{\Delta}}{2.a} = \frac{-(6)+\sqrt{324}}{2.3} = \frac{-6+18}{6} = \frac{12}{6} = 2$$

$$x_2 = \frac{-b-\sqrt{\Delta}}{2.a} = \frac{-(6)-\sqrt{324}}{2.3} = \frac{-6-18}{6} = \frac{-24}{6} = -3$$

As coordenadas x_V e y_V do vértice V de $y = 3x^2 + 6x - 24$ são calculadas conforme segue:

$$x_v = \frac{-b}{2a} = \frac{-(6)}{2.3} = \frac{-6}{6} = -1$$

$$y_v = \frac{-\Delta}{4a} = \frac{-324}{4.3} = \frac{-324}{12} = -27$$

Logo, o vértice de $y = 3x^2 + 6x - 24$ é V=(-1,-27).

No quadro a seguir, temos as coordenadas de alguns pontos de $y = 3x^2 + 6x - 24$.

x	$y = 3x^2 + 6x - 2$
-3	$y = 3(-3)^2 + 6\,(-3) - 24 = -15$
-1	$y = 3(-1)^2 + 6\,(-1) - 24 = -27$
0	$y = 3(-0)^2 + 6\,(-0) - 24 = -24$
2	$y = 3(-2)^2 + 6\,(-2) - 24 = -0$
5	$y = 3(-5)^2 + 6\,(-5) - 24 = -81$

O gráfico de $y = 3x^2 + 6x - 24$ está representado na figura 6.4.

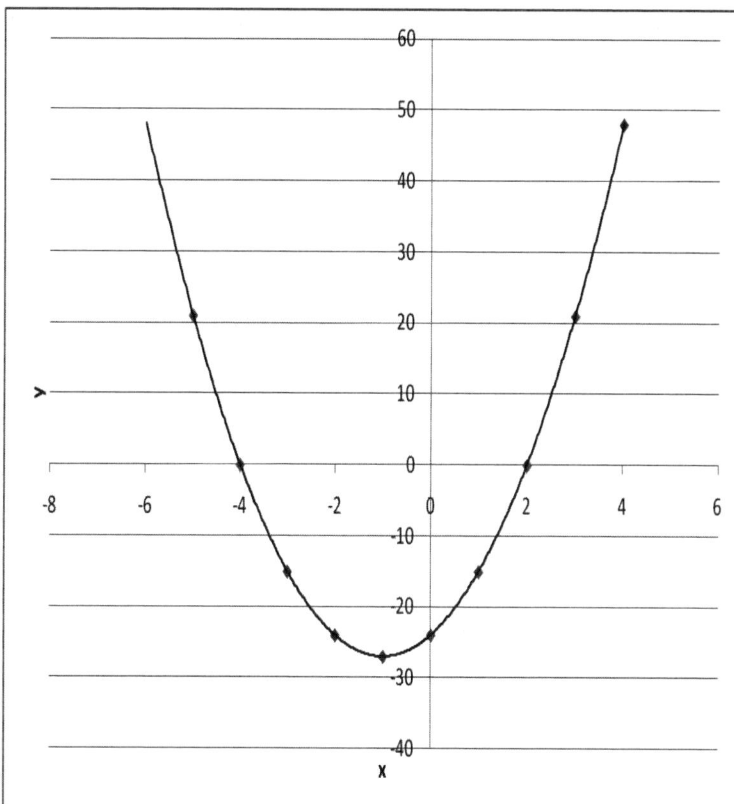

Figura 6.4. Gráfico de $y = 3x^2 + 6x - 24$.

Para entendermos melhor esse tema, vamos pensar nas questões 6.1 a 6.3, que tratam, por meio de situações concretas, de aplicações da função do 2º grau.

QUESTÃO 6.1 - Tema. Liberação de trava de forno.

Questão 6.1 (Enem 2013). A temperatura T de um forno (em graus centígrados) é reduzida por um sistema a partir do instante de seu desligamento (t = 0) e varia de acordo com a expressão $T = -\frac{t^2}{4} + 400$, com t em minutos. Por motivos de segurança, a trava do forno só é liberada para abertura quando o forno atinge a temperatura de 39ºC.

Qual o tempo mínimo de espera, em minutos, após se desligar o forno, para que a porta possa ser aberta?

a) 19,0 b) 19,8 c) 20,0 d) 38,0 e) 39,0

Análise do enunciado.

No enunciado, informa-se que $T = -\frac{t^2}{4} + 400$ é a função que relaciona a temperatura T (em ºC) de um forno com o tempo t (em min) a partir do instante de desligamento de um forno. É dito que a trava do forno apenas pode ser aberta quando sua temperatura chega em 39ºC.

Pede-se o tempo mínimo de espera, em minutos, após se desligar o forno, para que a porta possa ser aberta.

Resolução da questão.

O tempo mínimo t de espera, em minutos, após se desligar o forno corresponde à temperatura T de 39ºC.

Logo, para calcularmos t, que é um número maior do que zero, substituímos T por 39 em $T = -\frac{t^2}{4} + 400$.

$$T = 39 = -\frac{t^2}{4} + 400$$

$$\frac{t^2}{4} = 400 - 39 \Rightarrow \frac{t^2}{4} = 361 \Rightarrow t^2 = 361x4 \Rightarrow t^2 = 1.444 \Rightarrow t = 38 \text{ min}$$

Alternativa correta: D.

QUESTÃO 6.2 - Tema. Alteração de notas de provas.

Questão 6.2 (Enem 2014). Um professor, depois de corrigir as provas de sua turma, percebeu que várias questões estavam muito difíceis. Para compensar, decidiu utilizar uma função polinomial *f*, de grau menor que 3, para alterar as notas x da prova para notas y=f(x), da seguinte maneira:

- A nota zero permanece zero.
- A nota 10 permanece 10.
- A nota 5 passa a ser 6.

A expressão da função y=f(x) a ser utilizada pelo professor é

a) $y = -\frac{1}{25}x^2 + \frac{7}{5}x$

b) $y = -\frac{1}{10}x^2 + 2x$

c) $y = \frac{1}{24}x^2 + \frac{7}{12}x$

d) $y = \frac{4}{5}x + 2$

e) y = x

Análise do enunciado.

No enunciado, informa-se que um professor vai alterar as notas x dos alunos que realizaram uma prova para as notas y = f(x), sendo y = f(x) uma função polinomial de grau menor do que 3. Ela vai usar o seguinte critério: as notas 0 e 10 não são alteradas e a nota 5 passa a ser 6. Pede-se a expressão da função y=f(x) a ser utilizada pelo professor.

Resolução da questão.

De acordo com o enunciado, temos o que segue.

- x é a nota inicial do aluno na prova.
- f(x) é a nota alterada do aluno na prova.
- Se x=0, então f(x=0)=f(0)=0 (a nota zero permanece zero).
- Se x=10, então f(x=10)=f(10)=10 (a nota dez permanece dez).
- Se x=5, então f(x=5)=f(5)=6 (a nota 5 é alterada para 6).
- A função y=f(x) é uma polinomial de grau menor do que 3.

Se a função y=f(x) é uma polinomial de grau menor do que 3, ela é uma função de primeiro ou uma função de segundo grau.

No entanto, y=f(x) não pode ser uma função de primeiro grau, pois como f(0)=0 e f(10)=10, ela seria a função y=x, mas isso entra em confronto com o fato de f(5)=6.

Logo, y=f(x) é uma função de segundo grau.

A expressão geral de uma função de segundo grau é $y = f(x) = ax^2 + bx + c$, sendo **a**, **b** e **c** constantes. Precisamos determinar os valores dessas constantes.

Para isso, vamos substituir y=f(x=0)=0, y=f(x=10)=10 e y=f(x=5)=6 na forma geral $y = f(x) = ax^2 + bx + c$.

Vamos começar substituindo x por 0 e y por 0. Fazendo isso, obtemos **c=0**, conforme segue.

$$y = f(x = 0) = 0 \Rightarrow 0 = a(0)^2 + b(0) + c \Rightarrow 0 = c \text{ ou } c = 0$$

Já sabemos que $y = f(x) = ax^2 + bx + 0$, ou seja, $y = f(x) = ax^2 + bx$, pois a constante **c** vale zero.

Vamos substituir x por 10 e y por 10 em $y = f(x) = ax^2 + bx$, conforme segue.

$$y = f(x = 10) = 10 \Rightarrow 10 = a(10)^2 + b(10) \Rightarrow 10 = 100a + 10b \text{ (equação I)}$$

Vamos substituir x por 5 e y por 6 em $y = f(x) = ax^2 + bx$, conforme segue.

$$y = f(x = 5) = 6 \Rightarrow 6 = a(5)^2 + b(5) \Rightarrow 6 = 25a + 5b \text{ (equação II)}$$

Da equação I (10 = 100a + 10b), podemos isolar b:

$$10 = 100a + 10b \Rightarrow 10 - 100a = 10b \Rightarrow \frac{10 - 100a}{10} = b \Rightarrow \frac{10}{10} - \frac{100a}{10} = b \Rightarrow 1 - 10a = b$$

Enfim, b = 1 - 10a.

Vamos substituir b = 1 - 10a na equação II (6 = 25a + 5b):

$$6 = 25a + 5b \Rightarrow 6 = 25a + 5(1 - 10a) \Rightarrow 6 = 25a + 5 - 50a$$

$$6 = 25a + 5 - 50a \Rightarrow 6 - 5 = -25a \Rightarrow 1 = -25a \Rightarrow \frac{1}{-25} = a \Rightarrow a = -\frac{1}{25}$$

Vamos substituir $a = -\frac{1}{25}$ em b = 1 - 10a:

$$b = 1 - 10a \Rightarrow b = 1 - 10.\left(-\frac{1}{25}\right) = 1 + \frac{10}{25} = \frac{25 + 10}{25} = \frac{35}{25} \Rightarrow b = \frac{7}{5}$$

Substituindo $a = -\frac{1}{25}$, $b = \frac{7}{5}$ e c = 0 em $y = f(x) = ax^2 + bx + c$, obtemos a função solicitada: $y = f(x) = -\frac{1}{25}x^2 + \frac{7}{5}x$

Alternativa correta: A.

QUESTÃO 6.3 - Tema. Temperatura de estufa e desenvolvimento de bactérias.

Questão 6.3 (Enem 2015). Um estudante está pesquisando o desenvolvimento de certo tipo de bactéria. Para essa pesquisa, ele utiliza uma estufa para armazenar as bactérias. A temperatura T no interior dessa estufa, em graus Celsius, é dada pela expressão $T(h)=-h^2+22h-85$, em que h representa as horas do dia. Sabe-se que o número de bactérias é o maior possível quando a estufa atinge sua temperatura máxima e, nesse momento, ele deve retirá-las da estufa. A tabela associa intervalos de temperatura, em graus Celsius, com as classificações: muito baixa, baixa, média, alta e muito alta.

Intervalos de temperatura (ºC)	Classificação
$T < 0$	Muito baixa
$0 \leq T \leq 17$	Baixa
$17 \leq T \leq 30$	Média
$30 \leq T \leq 43$	Alta
$T \leq 43$	Muito alta

Quando o estudante obtém o maior número possível de bactérias, a temperatura no interior da estufa está

a) Muito baixa.
b) Baixa.
c) Média.
d) Alta.
e) Muito alta.

Análise do enunciado.

No enunciado, informa-se que um estudante utiliza uma estufa para armazenar bactérias. A expressão que relaciona a temperatura (T, em °C) no interior da estufa e a hora (h) do dia é: $T(h)=-h^2+22h-85$.
O número de bactérias é o maior possível quando a estufa atinge sua temperatura máxima.
É fornecida uma tabela que associa intervalos de temperatura com as classificações muito baixa, baixa, média, alta e muito alta.
Pede-se a situação em que o estudante obtém o maior número possível de bactérias.

Resolução da questão.
Dado que número de bactérias é o maior possível quando a estufa atinge sua temperatura máxima, precisamos achar o vértice (ponto de máximo) da função do segundo grau que relaciona a temperatura (T, em °C) no interior da estufa e a hora (h) do dia. Ou seja, precisamos achar o vértice de $T(h) = - h^2 + 22h - 85$.

Como a expressão geral de uma função do 2º grau é $y = ax^2 + bx + c$, no caso de $T(h) = - h^2 + 22h - 85$, temos $a = -1$, $b = 22$ e $c = -85$.

As coordenadas x_V e y_V do vértice V de uma função do segundo grau $y = ax^2 + bx + c$ são calculadas conforme segue: $x_v = \frac{-b}{2a}$ e $y_v = \frac{-\Delta}{4a}$

Delta é calculado por: $\Delta = b^2 - 4a$.
No caso de caso de $T(h) = - h^2 + 22h - 85$, temos o que segue.

$$\Delta = b^2 - 4ac = (22)^2 - 4.(-1).(-85) = 484 - 340 = 144$$

$$h_v = \frac{-b}{2a} = \frac{-(22)}{2.(-1)} = \frac{-22}{-2} = 11\,(\text{horas})$$

$$T_v = \frac{-\Delta}{4a} = \frac{-144}{4.(-1)} = \frac{-144}{-4} = 36\,(^\circ C)$$

Na tabela do enunciado, vemos que a temperatura de 36°C está no intervalo de

30°C a 43°C e é classificada como alta.

Alternativa correta: D.

CAPÍTULO 7

GRÁFICOS

Em situações do dia a dia, vemos gráficos em revistas impressas e eletrônicas, em jornais e telejornais, em outdoors... Vamos estudar dois desses gráficos nos exemplos 7.1 e 7.2.

Exemplo 7.1. Gráfico das solicitações de refúgio aprovadas em 2014 por alguns países da União Europeia (UE).

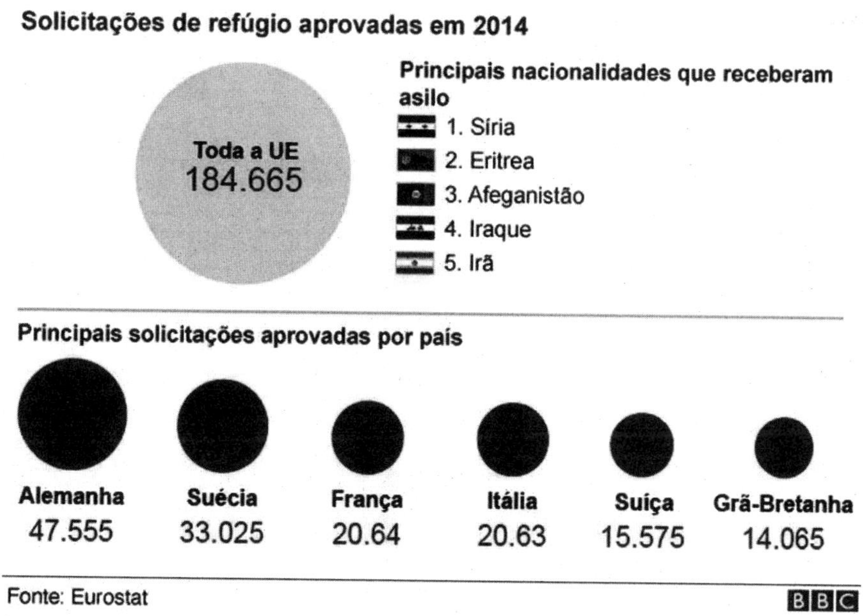

Disponível em <http://www.bbc.com/portuguese/noticias/2015/09/150904_graficos_imigracao_europa_rm>. Acesso em 2 out. 2015.

No exemplo 7.1, temos as quantidades de solicitações de refúgio aprovadas por diversos países da União Europeia (UE), em 2014, em gráfico divulgado pela conhecida BBC (*British Broadcasting Corporation* ou Corporação Britânica de Radiodifusão).

Podemos ler diretamente os números de solicitações colocados na figura do exemplo 7.1. Além disso, pela representação por círculos, podemos ter uma noção mais "concreta e comparativa" de como o total das 184.665 solicitações de refúgio aprovadas se distribuiu, em 2014, na Alemanha, na Suécia, na França, na Itália, na Suíça e na Grã-Bretanha. Vemos que o "tamanho" de cada círculo é proporcional às quantidades indicadas.

Exemplo 7.2. Gráfico da variação da população mundial (em bilhões de pessoas) em função do tempo.

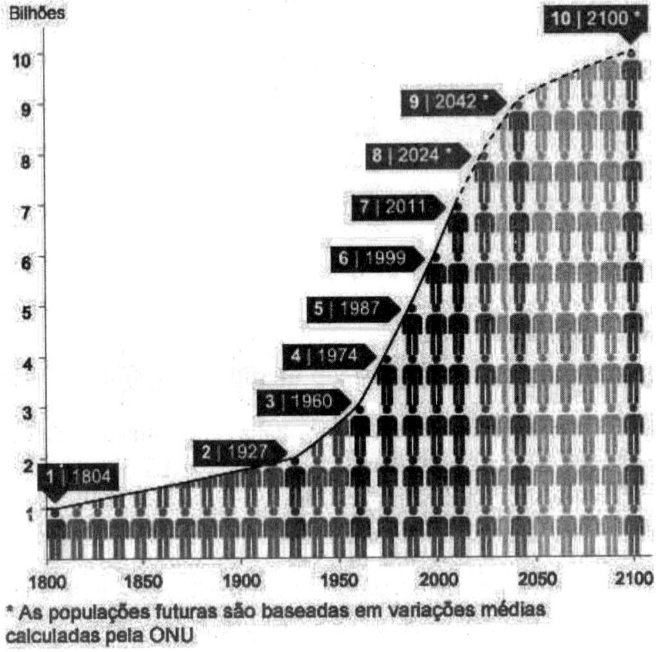

Disponível em <http://www.bbc.com/portuguese/noticias/2011/10/111024_7bilhoes_is.shtml>. Acesso em 1 out. 2015.

No exemplo 7.2, podemos observar, graficamente, a variação da população mundial, em milhões de pessoas, em função do tempo referente aos anos.

No gráfico, observamos, por exemplo, que o crescimento da população mundial de 1950 a 2000 foi mais acentuado do que crescimento da população mundial de 1800 a 1850. Nesse gráfico, estima-se que em 2100 a população mundial atinja a marca de 10 bilhões de pessoas.

Para continuarmos a analisar gráficos, vamos estudar as questões 7.1 a 7.11.

QUESTÃO 7.1 - Tema. Pesquisa de mercado sobre participação de consumidores das classes sociais A, B, C e D em promoções tipo sorteio ou concurso.

Questão 7.1 (Enem 2015). Uma pesquisa de mercado foi realizada entre os consumidores das classes sociais A, B, C e D que costumam participar de promoções tipo sorteio ou concurso. Os dados comparativos, expressos no gráfico, revelam a participação desses consumidores em cinco categorias: via correios (juntando embalagens ou recortando códigos de barra), via internet (cadastrando-se no *site* da empresa/marca promotora), via mídias sociais (redes sociais), via SMS (mensagem por celular) ou via rádio/TV.

Participação em promoções do tipo sorteio ou concurso em uma região

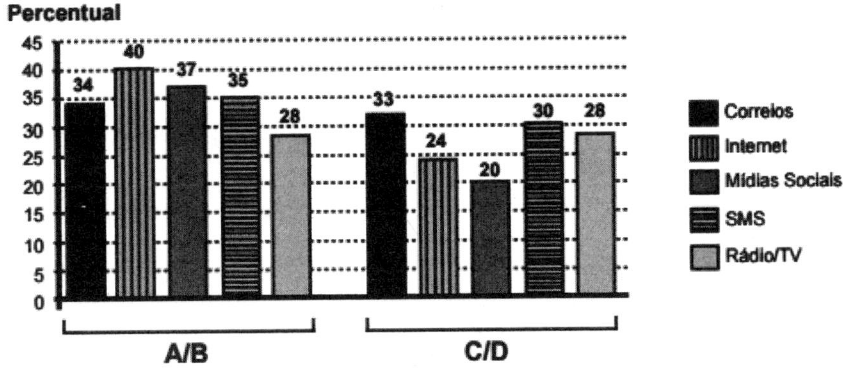

Uma empresa vai lançar uma promoção utilizando apenas uma categoria nas classes A e B (A/B) e uma categoria nas classes C e D (C/D).

De acordo com o resultado da pesquisa, para atingir o maior número de consumidores das classes A/B e C/D, a empresa deve realizar a promoção, respectivamente, via

a) correios e SMS.
b) internet e correios.
c) internet e internet.
d) internet e mídias sociais.
e) rádio/TV e rádio/TV.

Análise do enunciado.

No enunciado, é dado um gráfico, resultante em uma pesquisa de mercado, que mostra a participação de consumidores das classes AB e das classes C/D em promoções tipo sorteio ou concurso em cinco categorias: via correios, via internet, via mídias sociais, via SMS ou via rádio/TV.

Pedem-se as vias que uma empresa deve usar em uma promoção para, com base no resultado da pesquisa, atingir o maior número de consumidores das classes A/B e C/D.

Resolução da questão.

Pela leitura direta do gráfico, vemos que, para as classes A/B, o maior percentual de pesquisados (40%) participa de promoções via internet.

Também pela leitura direta do gráfico, vemos que, para as classes C/D, o maior percentual de pesquisados (33%) participa de promoções via correios.

Logo, com base no gráfico, uma empresa deve usar, em uma promoção, a internet para as classes A/B e os correios para as classes C/D.

Alternativa correta: B

QUESTÃO 7.2 - Tema. Operações de investidor em ações de uma empresa.

Questão 7.2 (Enem 2015). Um investidor inicia um dia com x ações de uma empresa. No decorrer desse dia, ele efetua apenas dois tipos de operações, comprar ou vender ações. Para realizar essas operações, ele segue estes critérios:

1. vende metade das ações que possui, assim que seu valor fica acima do valor ideal *(Vi)*;
2. compra a mesma quantidade de ações que possui, assim que seu valor fica abaixo do valor mínimo *(Vm)*;
3. vende todas as ações que possui, quando seu valor fica acima do valor ótimo *(Vo)*.

O gráfico apresenta o período de operações e a variação do valor de cada ação, em reais, no decorrer daquele dia e a indicação dos valores ideal, mínimo e ótimo.

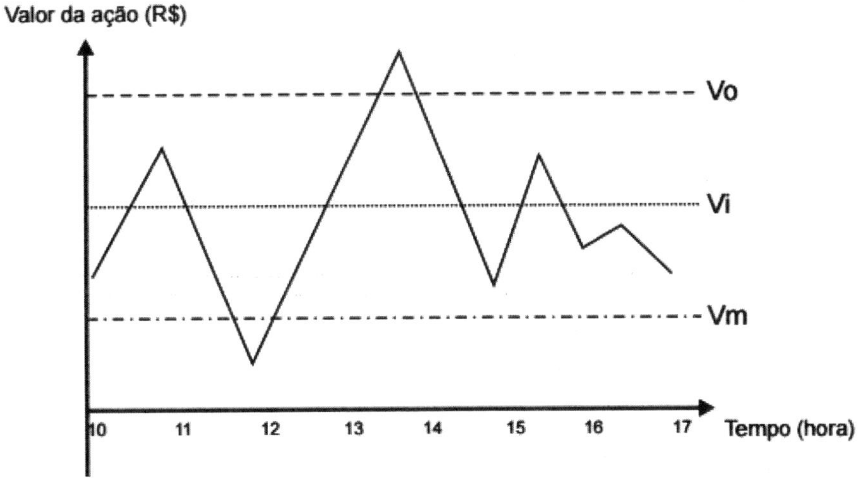

Quantas operações o investidor fez naquele dia?

a) 3 b) 4 c) 5 d) 6 e) 7

Análise do enunciado.

No enunciado, informa-se que, em um dia, um investidor em ações pode realizar as operações a seguir.

Operação I. Vender metade de suas ações logo que seu valor fica acima do ideal (Vi).

Operação II. Comprar a mesma quantidade de ações que possui logo que seu valor fica abaixo do mínimo (Vm);

Operação III. Vender todas as ações logo que seu valor fica acima do ótimo (Vo).

É fornecido um gráfico com o período de operações, a variação do valor de cada ação, em reais, naquele dia e a indicação dos valores ideal, mínimo e ótimo.

Pede-se o número de operações que o investidor fez naquele dia.

Resolução da questão.

No gráfico a seguir, temos as indicações das operações I, II e III feitas no dia em estudo, segundo o critério apresentado.

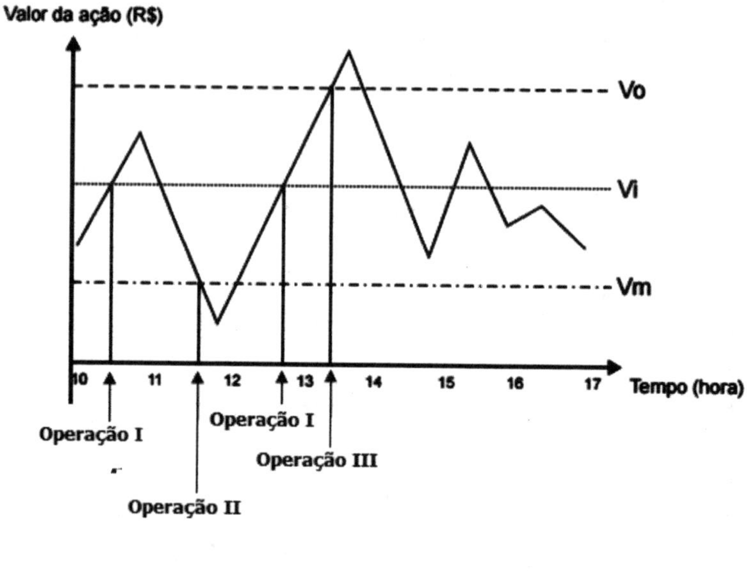

Logo, vemos que o investidor fez 4 operações no dia em estudo: duas operações I, uma operação II e uma operação III.

Alternativa correta: B

QUESTÃO 7.3 - Tema. Valores de diárias em duas locadoras de automóveis.

Questão 7.3 (Enem 2015). Atualmente, existem diversas locadoras de veículos que permitem uma concorrência saudável para o mercado, o que torna seus preços acessíveis. Nas locadoras P e Q, o valor da diária de seus carros depende da distância percorrida, conforme o gráfico.

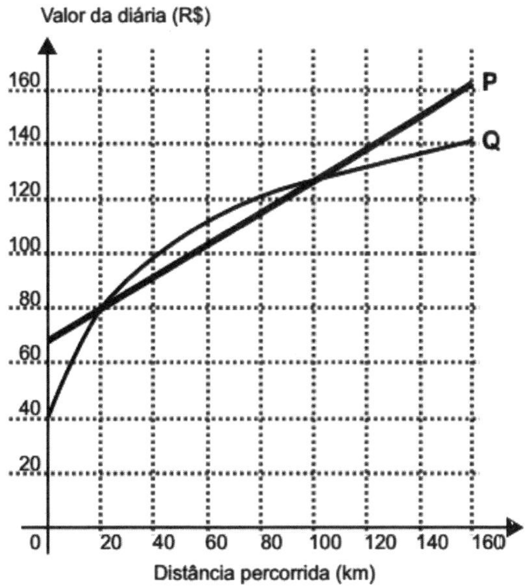

Disponível em: www.sempretops.com. Acesso em: 7 ago. 2010

O valor pago na locadora Q é menor ou igual aquele pago na locadora P para distâncias, em quilômetros, presentes em qual(is) intervalo(s)?

a) De 20 a 100.
b) De 80 a 130.
c) De 100 a 160.
d) De 0 a 20 e de 100 a 160.
e) De 40 a 80 e de 130 a 160.

Análise do enunciado.

No enunciado, é dado um gráfico que mostra o valor da diária de locação de carros nas locadoras P e Q em função da distância percorrida.

Pedem-se os intervalos de quilômetros percorridos em que o valor pago na locadora Q é menor ou igual aquele pago na locadora P.

Resolução da questão.

O valor pago na locadora Q é menor do que o valor pago na locadora P nos intervalos em que o gráfico de Q está abaixo do gráfico de P, conforme indicado na figura.

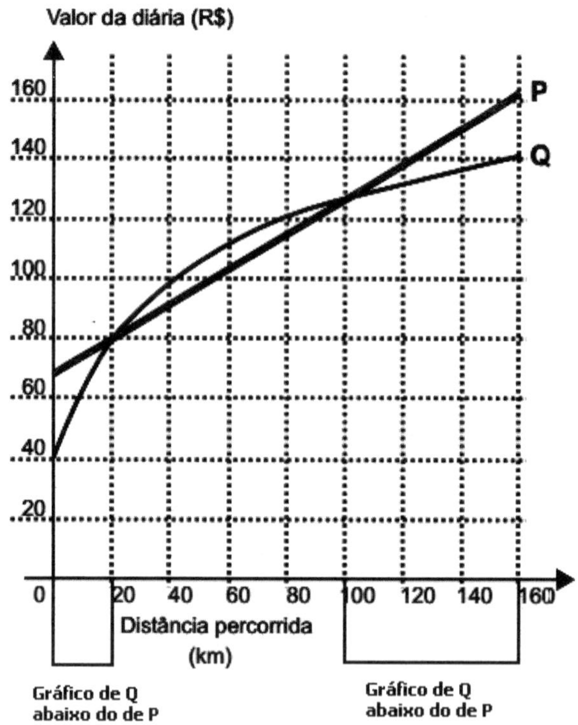

Logo, o valor pago na locadora Q é menor do que o valor pago na locadora P nos intervalos de 0 a 20km e de 100km a 160km de distância percorrida.

Alternativa correta: D.

QUESTÃO 7.4 - Tema. Taxas de desemprego durante o ano de 2011 e no primeiro semestre de 2012 na região metropolitana de São Paulo.

Questão 7.4 (Enem 2014). O gráfico apresenta as taxas de desemprego durante o ano de 2011 e no primeiro semestre de 2012 na região metropolitana de São Paulo. A taxa de desemprego total é a soma das taxas de desemprego aberto e oculto.

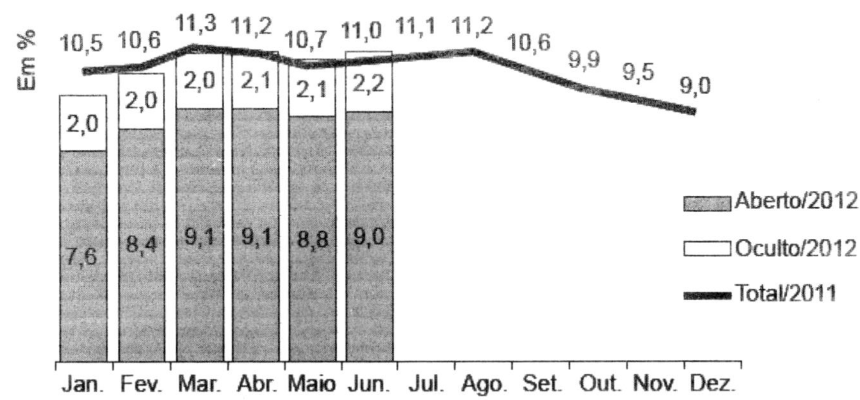

Disponível em <www.dieese.org.br>. Acesso em 1 ago. 2012 (fragmento).

Suponha que a taxa de desemprego oculto do mês de dezembro de 2012 tenha sido a metade da mesma taxa em junho de 2012 e que a taxa de desemprego total em dezembro de 2012 seja igual a essa taxa em dezembro de 2011. Nesse caso, a taxa de desemprego aberto de dezembro de 2012 teria sido, em termos percentuais, de

a) 1,1.
b) 3,5.
c) 4,5.
d) 6,8.
e) 7,9.

Análise do enunciado.

No enunciado, é dado um gráfico com as taxas de desemprego em 2011 e no primeiro semestre de 2012 na região metropolitana de São Paulo. É dito que a taxa de desemprego total é a soma das taxas de desemprego aberto e oculto.

Supõe-se que a taxa de desemprego oculto em "dezembro de 2012 tenha sido a metade da mesma taxa em junho de 2012 e que a taxa de desemprego total em dezembro de 2012 seja igual a essa taxa em dezembro de 2011".

Pede-se a taxa de desemprego aberto em dezembro de 2012.

Resolução da questão.

Pela leitura do gráfico do enunciado, verificamos o que segue.

- Desemprego oculto em junho de 2012: 2,2%.
- Desemprego total em dezembro de 2011: 9%.

No enunciado, supõe-se que a taxa de desemprego oculto em "dezembro de 2012 tenha sido a metade da mesma taxa em junho de 2012 e que a taxa de desemprego total em dezembro de 2012 seja igual a essa taxa em dezembro de 2011". Logo:

- Desemprego oculto em dezembro de 2012: 1,1% (metade de 2,2%).
- Desemprego total em dezembro de 2012: 9% (igual a 9%).

No enunciado, é dito que a taxa de desemprego total é a soma das taxas de desemprego aberto e oculto. Assim, podemos usar o esquema a seguir.

Esquema. Desemprego oculto, desemprego aberto e desemprego total.

Desemprego total (%)	=	Desemprego aberto (%)	+	Desemprego oculto (%)

No caso de dezembro de 2012, ficamos com o que segue.

Desemprego total em dezembro de 2012 (%)	=	Desemprego aberto em dezembro de 2012 (%)	+	Desemprego oculto em dezembro de 2012 (%)
9%	=	Desemprego aberto em dezembro de 2012 (%)	+	1,1%

Concluímos que o desemprego aberto em dezembro de 2012 é 7,9%, pois 9-1,1=7,9.

Alternativa correta: E.

QUESTÃO 7.5 - Tema. Remuneração de funcionários de acordo com o grau de instrução.

Questão 7.5 (Enem 2014). Uma empresa de alimentos oferece três valores diferentes de remuneração a seus funcionários, de acordo com o grau de instrução necessário para cada cargo. No ano de 2013, a empresa teve receita de 10 milhões de reais por mês e gasto mensal com a folha salarial de R$400.000,00, distribuídos de acordo com o gráfico 1. No ano seguinte, a empresa ampliará o número de funcionários, mantendo o mesmo valor salarial para cada categoria. Os demais custos da empresa permanecerão constantes de 2013 para 2014.

O número de funcionários em 2013 e 2014, por grau de instrução, está no gráfico 2.

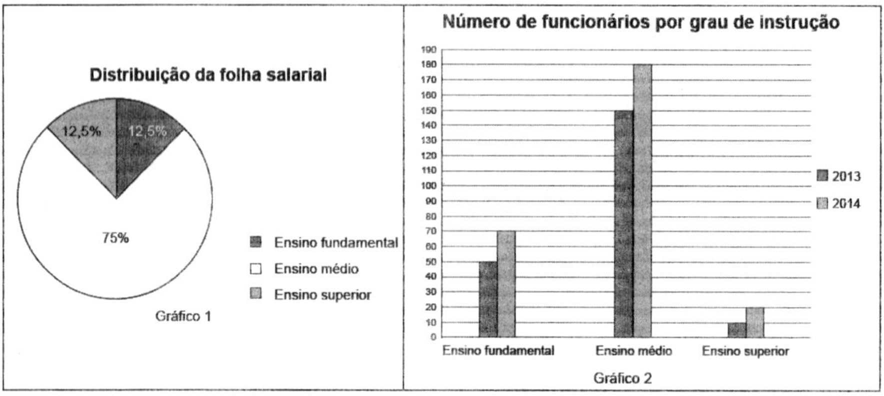

Qual deve ser o aumento na receita da empresa para que o lucro mensal em 2014 seja o mesmo de 2013?

a) R$114.285,00
b) R$130.000,00
c) R$160.000,00
d) R$210.000,00
e) R$213.333,00

Análise do enunciado.

No enunciado, são dados dois gráficos.

No primeiro gráfico (gráfico 1), na forma de setor circular, é dada a distribuição percentual da folha salarial de uma empresa de acordo com o grau de instrução de seus funcionários. É dito que, em 2013, a empresa teve receita mensal de R$10 milhões e gasto mensal com a folha salarial de R$400.000,00.

No segundo gráfico (gráfico 1), na forma de barras, é dado o número de funcionários da empresa, em 2013 e em 2014, por grau de instrução (ensino fundamental, ensino médio e ensino superior).

É dito que, de 2013 para 2014, a empresa ampliará o número de funcionários, mantendo o mesmo valor salarial para cada categoria e que os demais custos permanecerão constantes.

Pede-se o aumento na receita da empresa para que o lucro mensal em 2014 seja o mesmo de 2013.

Resolução da questão.

Do gráfico 1, vemos que, em 2013, 12,5% dos funcionários da empresa tinham até o ensino fundamental, 75% dos funcionários da empresa tinham até o ensino médio e 12,5% dos funcionários da empresa tinham ensino superior.

Como a folha salarial de R$400.000,00, em 2013, foi distribuída segundo os percentuais anteriores, temos o que segue.

O gasto da empresa em 2013 com funcionários que tinham até o ensino fundamental foi de R$50.000,00, pois

$$12{,}5\% \text{ de R\$ } 400.000{,}00 = 400.000 \text{x} \frac{12{,}5}{100} = 400.000 \text{x} 0{,}125 = 50.000 \text{ (R\$50.000,00)}$$

O gasto da empresa em 2013 com funcionários que tinham até o ensino médio foi de R$300.000,00, pois

$$75\% \text{ de R\$ } 400.000{,}00 = 400.000 \text{x} \frac{75}{100} = 400.000 \text{x} 0{,}75 = 300.000 \text{ (R\$300.000,00)}$$

O gasto da empresa em 2013 com funcionários que tinham ensino superior foi de R$50.000,00, pois

$$12{,}5\% \text{ de R\$ } 400.000{,}00 = 400.000 \text{x} \frac{12{,}5}{100} = 400.000 \text{x} 0{,}125 = 50.000 \text{ (R\$50.000,00)}$$

Do gráfico 2, vemos que, em 2013, 50 funcionários da empresa tinham até o ensino fundamental, 150 funcionários da empresa tinham até o ensino médio e 10 funcionários da empresa tinham ensino superior. Logo, em 2013, a empresa tinha 210 funcionários, que é a soma de 50, 150 e 10.

Em 2013, a empresa pagou mensalmente R$1.000,00 de salário para cada um dos seus 50 funcionários com até o ensino fundamental. Esse valor é obtido pela divisão do pagamento de R$50.000,00 pelo número de funcionários com até o ensino fundamental, conforme segue.

$$\text{Salário mensal (ensino fundamental} - 2013) = \frac{50.000}{50} = 1.000 \text{ (R\$1.000,00)}$$

Em 2013, a empresa pagou mensalmente R$2.000,00 de salário para cada um dos seus 150 funcionários com até o ensino médio. Esse valor é obtido pela divisão do pagamento de R$300.000,00 pelo número de funcionários com até o ensino médio, conforme segue.

$$\text{Salário mensal (ensino médio} - 2013) = \frac{300.000}{150} = 2.000 \text{ (R\$2.000,00)}$$

Em 2013, a empresa pagou mensalmente R$5.000,00 de salário para cada um dos seus 150 funcionários com ensino superior. Esse valor é obtido pela divisão do pagamento de R$50.000,00 pelo número de funcionários com ensino superior, conforme segue.

$$\text{Salário mensal (ensino superior} - 2013) = \frac{50.000}{10} = 5.000 \text{ (R\$5.000,00)}$$

Do gráfico 2, vemos que, em 2014, 70 funcionários da empresa tinham até o ensino fundamental, 180 funcionários da empresa tinham até o ensino médio e 20 funcionários da empresa tinham ensino superior. Logo, em 2014, a empresa tinha 270 funcionários, que é a soma de 70, 180 e 20.

Como serão mantidos os salários mensais dos funcionários de 2013 para 2014, o gasto mensal da empresa com salários em 2014 é de R$530.000,00, conforme mostrado a seguir.

$$\text{Gasto mensal (salários – ensino fundamental – 2014)} = 70x1.000 = R\$70.000,00$$

$$\text{Gasto mensal (salários – ensino médio – 2014)} = 180x2.000 = R\$360.000,00$$

$$\text{Gasto mensal (salários – ensino superior – 2014)} = 20x5.000 = R\$100.000,00$$

$$\text{Gasto mensal (todos os salários – 2014)} = 70.000 + 360.000 + 100.000$$

$$\text{Gasto mensal (todos os salários – 2014)} = R\$530.000,00$$

Ou seja, de 2013 para 2014, há aumento de R$130.000,00 na folha salarial mensal da empresa, pois o gasto mensal total com salários mensais passa de R$400.000,00 para R$530.000,00.

Logo, a fim de que o lucro mensal da empresa em 2014 seja igual ao lucro mensal da empresa em 2013, mantidos os demais custos, o acréscimo na sua receita da empresa deve ser de R$130.000,00.

Alternativa correta: B.

QUESTÃO 7.6 - Tema. Valor mensal de plano de telefonia celular.

Questão 7.6 (Enem 2014). No Brasil, há várias operadoras e vários planos de telefonia celular. Uma pessoa recebeu 5 propostas (A, B, C, D e E) de planos telefônicos. O valor mensal de cada plano está em função do tempo mensal das chamadas, conforme o gráfico.

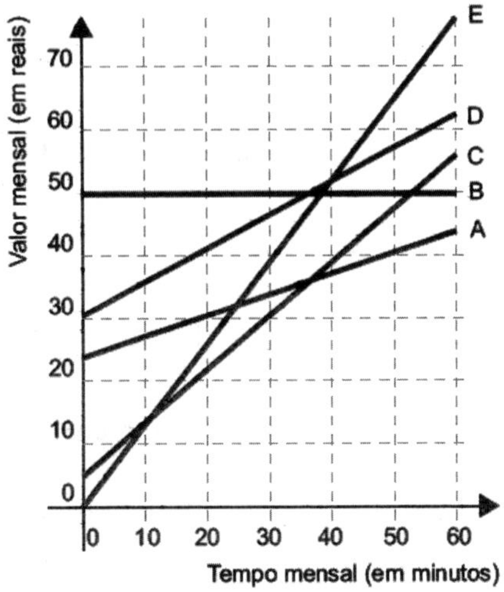

Essa pessoa pretende gastar exatamente R$30,00 por mês com telefone. Dos planos telefônicos apresentados, qual é o mais vantajoso, em tempo de chamada, para o gasto previsto para essa pessoa?

a) A
b) B
c) C
d) D
e) E

Análise do enunciado.

No enunciado, é dado um gráfico com 5 propostas (A, B, C, D e E) de planos telefônicos, no qual se relacionam o valor mensal de cada plano e o tempo mensal das chamadas.

Uma pessoa pretende gastar mensalmente R$30,00 com conta telefônica.

Pede-se o plano telefônico mais vantajoso, em tempo de chamada, para o gasto previsto dessa pessoa.

Resolução da questão.

No gráfico a seguir, foi colocada uma barra horizontal relativa ao valor de gasto mensal de R$30,00 com conta telefônica.

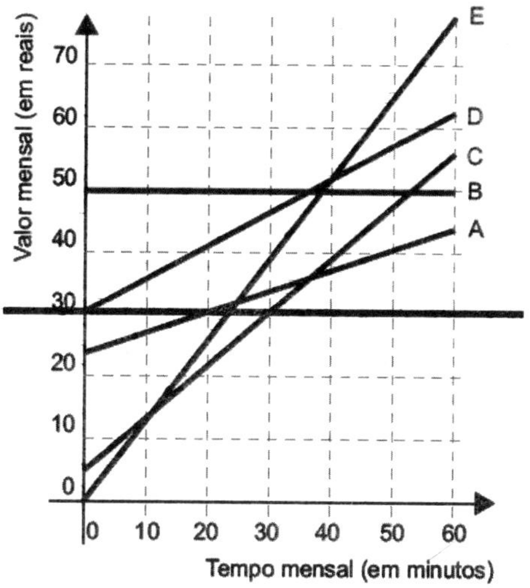

Gráfico. Indicação de valor de conta mensal de R$30,00.

Pelo gráfico anterior, vemos que, para valor de conta mensal de R$30,00, temos as condições que seguem.

- Plano A: aproximadamente 20 minutos de tempo mensal de chamadas.
- Plano B: gera valor fixo de conta mensal de R$50,00.
- Plano C: aproximadamente 30 minutos de tempo mensal de chamadas.
- Plano D: "0 minutos" de tempo mensal de chamadas.
- Plano E: aproximadamente 22 minutos de tempo mensal de chamadas.

Concluímos que, em termos de tempo mensal de chamadas, o plano mais vantajoso para uma pessoa que pretende ter valor de conta mensal de R$30,00 é o plano C.

Alternativa correta: C.

QUESTÃO 7.7 - Tema. Cultura de bactérias.

Questão 7.7 (Enem 2014). Um cientista trabalha com as espécies I e II de bactérias em um ambiente de cultura. Inicialmente, existem 350 bactérias da espécie I e 1.250 bactérias da espécie II. O gráfico representa as quantidades de bactérias de cada espécie, em função do dia, durante uma semana.

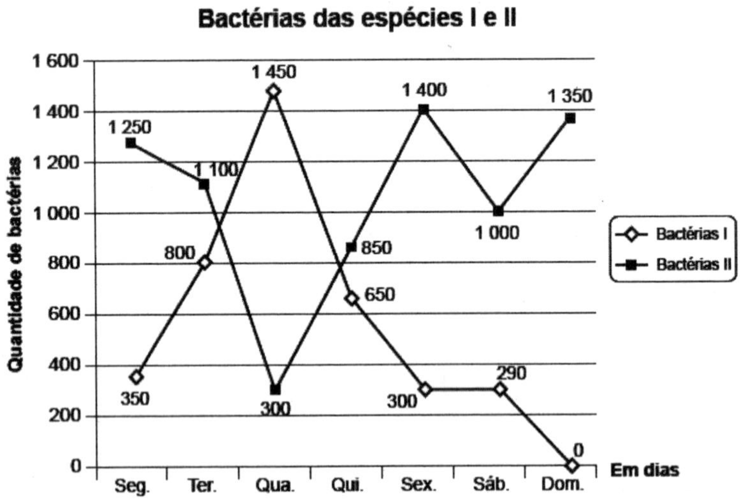

Em que dia dessa semana a quantidade total de bactérias nesse ambiente de cultura foi máxima?

a) Terça-feira.
b) Quarta-feira.
c) Quinta-feira.
d) Sexta-feira.
e) Domingo.

Análise do enunciado.
No enunciado, é dado um gráfico que mostra as quantidades de bactérias das espécies I e II em função do dia, durante uma semana.
Pede-se o dia da semana em que a quantidade total de bactérias no ambiente de cultura foi máxima.

Resolução da questão.

Pela leitura do gráfico do enunciado, podemos elaborar a tabela a seguir, na qual estão especificadas a quantidade de bactérias da espécie I, a quantidade de bactérias da espécie II e a quantidade de bactérias das espécies I e II.

Tabela. Quantidade de bactérias da espécie I, quantidade de bactérias da espécie II e quantidade de bactérias das espécies I e II.

	Quantidade (Espécie I)	Quantidade (Espécie II)	Quantidade (Espécie I + Espécie II)
Segunda	350	1.250	350+1.250=1.600
Terça	800	1.100	800+1.100=1.900
Quarta	1.450	300	1.450+300=1.750
Quinta	650	850	650+850=1.500
Sexta	300	1.400	300+1.400=1.700
Sábado	290	1.000	290+1.000=1.290
Domingo	0	1.350	0+1.350=1.350

Alternativa correta: A.

QUESTÃO 7.8 - Tema. Custo de postagem de cartas não comerciais.

Questão 7.8 (Enem 2013). Deseja-se postar cartas não comerciais, sendo duas de 100g, três de 200g e uma de 350g. O gráfico mostra o custo para enviar uma carta não comercial pelos Correios.

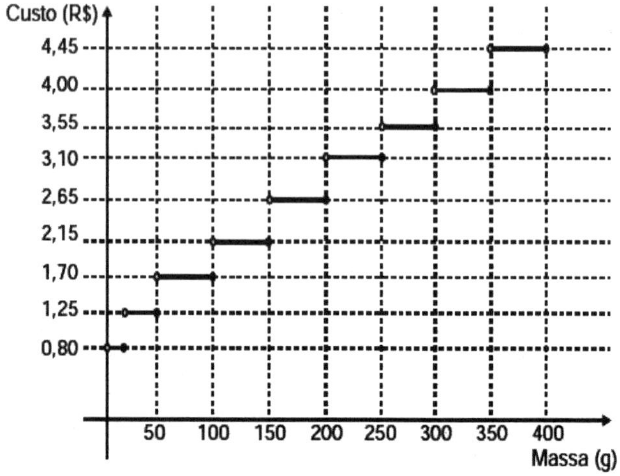

Disponível em: www.correios.com.br. Acesso em: 2 ago. 2012 (adaptado).

O valor total gasto, em reais, para postar essas cartas é de

a) 8,35.
b) 12,50.
c) 14,40.
d) 15,35.
e) 18,05.

Análise do enunciado.

No enunciado, é dito que se deseja postar 6 cartas: duas de 100g, três de 200g e uma de 350g. É dado um gráfico que fornece os custos de enviar uma carta em função do seu peso.

Pede-se o valor total gasto, em reais, para a postagem das 6 cartas.

Resolução da questão.

Pela leitura do gráfico, temos o que segue.

Custo do envio de uma carta de 50g a 100g (inclusive): R$1,70.

Custo do envio de uma carta de 150g a 250g (inclusive): R$2,65.

Custo do envio de uma carta de 300g a 350g (inclusive): R$4,00.

Como se deseja postar duas cartas de 100g (custo unitário de R$1,70), três cartas de 200g (custo unitário de R$2,65) e uma carta de 350g (custo unitário de

R$4,00), o custo de envio é R$15,35, conforme calculado a seguir.

$$\text{Custo} = 2x1,70 + 3x2,65 + 1x4 = 15,35$$

Alternativa correta: D.

QUESTÃO 7.9 - Tema. Reclamações diárias recebidas e resolvidas pelo Setor de Atendimento ao Cliente (SAC) de uma empresa.

Questão 7.9 (Enem 2012). A figura a seguir apresenta dois gráficos com informações sobre as reclamações diárias recebidas e resolvidas pelo Setor de Atendimento ao Cliente (SAC) de uma empresa, em uma dada semana. O gráfico de linha tracejada informa o número de reclamações recebidas no dia, o de linha contínua é o número de reclamações resolvidas no dia. As reclamações podem ser resolvidas no mesmo dia ou demorarem mais de um dia para serem resolvidas.

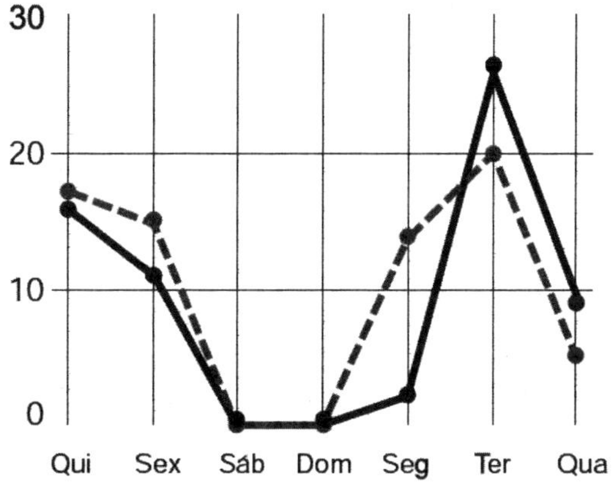

O gerente de atendimento deseja identificar os dias da semana em que o nível de eficiência pode ser considerado muito bom, ou seja, os dias em que o número de reclamações resolvidas excede o número de reclamações recebidas.

Disponível em <http://blog.bibliotecaunix.org>. Acesso em 21 jan. 2012 (adaptado).

O gerente de atendimento pode concluir, baseado no conceito de eficiência utilizado na empresa e nas informações do gráfico, que o nível de eficiência foi muito bom na

a) segunda e na terça-feira.
b) terça e na quarta-feira.
c) terça e na quinta-feira.
d) quinta-feira, no sábado e no domingo.
e) segunda, na quinta e na sexta-feira.

Análise do enunciado.
No enunciado, é dada uma figura com dois gráficos: o gráfico de linha tracejada fornece o número de reclamações recebidas no dia pelo SAC de uma empresa e o gráfico de linha contínua fornece o número de reclamações resolvidas no dia. As reclamações podem ser resolvidas no mesmo dia ou demorarem mais de um dia para serem resolvidas.
Para o gerente de atendimento, o nível de eficiência é muito bom nos dias em que o número de reclamações resolvidas excede o número de reclamações recebidas. Pedem-se os dias em que o nível de eficiência foi muito bom.

Resolução da questão.
Pela leitura do gráfico, podemos construir o quadro a seguir, no qual temos valores aproximados de números de reclamações recebidas e números de reclamações resolvidas em cada dia da semana.

	Segunda	Terça	Quarta	Quinta	Sexta	Sábado	Domingo
Nº de reclamações recebidas	14	20	7	17	15	0	0
Nº de reclamações resolvidas	3	26	9	16	11	0	0

Vemos que os dias em que o número de reclamações resolvidas supera o número de reclamações recebidas, o que os qualifica como "dias de nível de eficiência muito bom", são terça-feira e quarta-feira.

Alternativa correta: B.

QUESTÃO 7.10 - Tema. Enquete: as atividades humanas provocam aquecimento global?

Questão 7.10 (Enem 2011). Uma enquete, realizada em março de 2010, perguntava aos internautas se eles acreditavam que as atividades humanas provocam o aquecimento global. Eram três as alternativas possíveis e 279 internautas responderam à enquete, como mostra o gráfico.

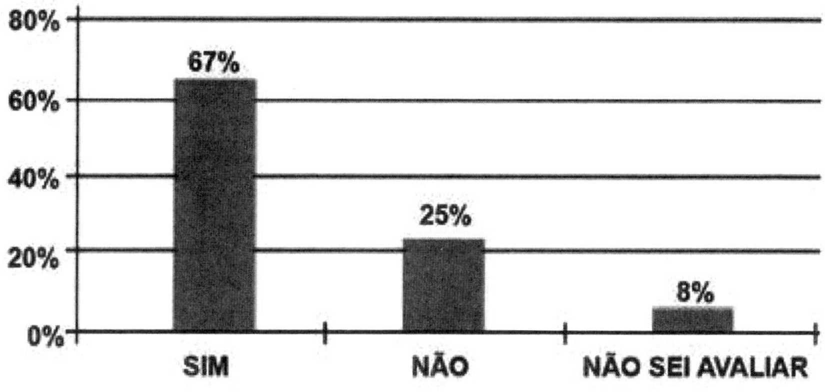

Época. Ed. 619, 29 mar. 2010 (com adaptações).

Analisando os dados do gráfico, quantos internautas responderam "não" à enquete?

a) Menos de 23.
b) Mais de 23 e menos de 25.
c) Mais de 50 e menos de 75.
d) Mais de 100 e menos de 190.
e) Mais de 200.

Análise do enunciado.
No enunciado, informa-se que 279 internautas responderam a uma enquete que perguntava se eles acreditavam que as atividades humanas provocam o aquecimento global. As alternativas eram "sim", "não" e "não sei avaliar". É dado um gráfico que mostra os percentuais de respostas para cada alternativa.
Pede-se o número de internautas que responderam "não".

Resolução da questão.
Pela leitura do gráfico, vemos que 25% dos 279 internautas responderam "não". Logo, cerca de 70 internautas responderam "não", pois:

$$25\% \text{ de } 279 = 279\text{x}\frac{25}{100} = 279\text{x}0,25 = 69,75 \Rightarrow \text{aproximadamente 70 pessoas}$$

Esse número de internautas está entre 50 e 75.

Alternativa correta: C.

QUESTÃO 7.11 -Tema. Participação do agronegócio no PIB brasileiro.

Questão 7.11 (Enem 2011). O termo agronegócio não se refere apenas à agricultura e à pecuária, pois as atividades ligadas a essa produção incluem fornecedores de equipamentos, serviços para a zona rural, industrialização e comercialização dos produtos. O gráfico mostra a participação percentual do agronegócio no PIB brasileiro.

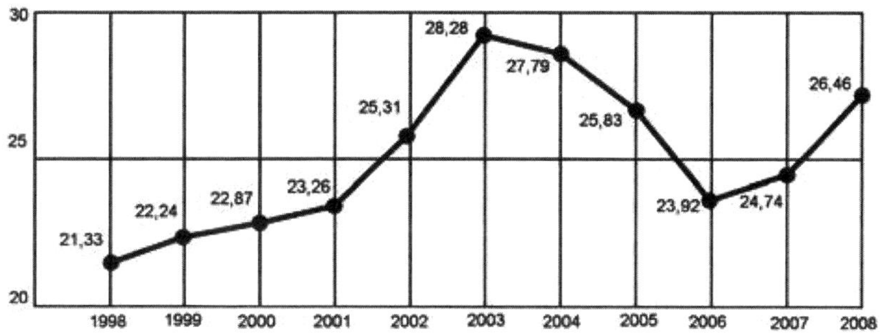

Centro de Estudos Avançados em Economia Aplicada (CEPEA). Almanaque Abril 2010. São Paulo: Abril, ano 36 (adaptado).

Esse gráfico foi usado em uma palestra na qual o orador ressaltou uma queda da participação do agronegócio no PIB brasileiro e a posterior recuperação dessa participação, em termos percentuais. Segundo o gráfico, o período de queda ocorreu entre os anos de

a) 1998 e 2001.
b) 2001 e 2003.
c) 2003 e 2006.
d) 2003 e 2007.
e) 2003 e 2008.

Análise do enunciado.
No enunciado, é dado um gráfico com a participação percentual do agronegócio no PIB brasileiro de 1998 até 2008. Pede-se o período em que houve queda dessa participação.

Resolução da questão.
Pela leitura do gráfico, vemos que de 2003 a 2006 houve queda na participação percentual do agronegócio no PIB brasileiro, que passou de 28,28% para 23,92%. Ou seja, o gráfico mostra comportamento decrescente em todo período de 2003 a 2006.

Alternativa correta: C.

CAPÍTULO 8

MÉDIA, MODA E MEDIANA.

8.1. MÉDIA.

É comum ouvirmos que "a média de consumo de bolo é de 100g por pessoa" ou "a altura média dos jogadores de um time de basquete é 1,95m"...
Isso significa, por exemplo, que em uma reunião com 8 convidados todos comem "igualmente" 100g de bolo ou que os 6 titulares de um time de basquete medem "igualmente" 1,95m?
Não! Se na reunião mencionada, 4 convidados comem 200g e se os outros 4 convidados não comem bolo, a média é de 100g por pessoa, mesmo com alguns comendo o dobro disso e com outros nem comendo bolo... No time de basquete, podemos ter um "jogador muito alto" com 2,16m e um "jogador baixo" com 1,77m e, ainda assim, a altura média ser de 1,95m...
Como a média de um conjunto de valores ("números") é calculada? Assim: somamos todos os valores ("números") que formam o conjunto de dados e dividimos o resultado dessa soma pela quantidade de valores. Ou seja, é a média aritmética dos "números" observados. Isso ficará claro no exemplo 8.1. a seguir.

Exemplo 8.1. Imagine que as notas obtidas na prova de Matemática de uma turma de sete alunos sejam as listadas na tabela a seguir. Calcule a nota média da turma.

Tabela. Notas na prova de Matemática.

Aluno	Ana	Ariel	Elsa	Carol	Ísis	Luiz	Theo
Nota	8	3	9	5	5	7	10

Para sabermos a nota média da turma, somamos as notas de cada um dos alunos e dividimos essa soma por 7, que é a quantidade de alunos da turma. Vejamos:

$$\text{Nota média} = \frac{8+3+9+5+5+7+10}{7} = \frac{47}{7} = 6{,}7$$

Veja que nenhum dos alunos tirou 6,7 na prova de Matemática.
Podemos fazer a seguinte interpretação: no caso hipotético em que cada um dos sete alunos da turma tivesse tirado a mesma nota na prova de Matemática, esse nota seria 6,7.

8.2. MODA.

A moda de conjunto de valores ("números") é o valor ("número") mais frequente, ou seja, é o valor que aparece mais vezes.
Se todas as frequências de ocorrência de valores são iguais ou se todas as frequências de ocorrência de valores são diferentes, o conjunto de valores não tem moda. Se há mais de um valor predominante, o conjunto de valores tem mais de uma moda. Vejamos o exemplo 8.2. a seguir.

Exemplo 8.2. Considere novamente as notas obtidas na prova de Matemática de uma turma de sete alunos, reproduzidas na tabela a seguir. Calcule a moda das notas da turma.

Tabela. Notas na prova de Matemática.

Aluno	Ana	Ariel	Elsa	Carol	Ísis	Luiz	Theo
Nota	8	3	9	5	5	7	10

A nota que aparece mais vezes na tabela é a nota 5 (da Carol e da Ísis). Logo, a moda das notas da turma é 5.

8.3. MEDIANA.

A mediana de um conjunto de valores ("números") ordenados de modo crescente é o valor central dessa sequência.
Assim, se a quantidade de elementos do conjunto for ímpar, a mediana é o valor que ocupa a posição central. Se a quantidade de elementos do conjunto for par, a mediana é a média aritmética dos dois valores centrais.
Vejamos o exemplo 8.3. a seguir.

Exemplo 8.3. Considere ainda as notas obtidas na prova de Matemática de uma turma de sete alunos, reproduzidas na tabela a seguir. Calcule a mediana das notas da turma.

Tabela. Notas na prova de Matemática.

Aluno	Ana	Ariel	Elsa	Carol	Ísis	Luiz	Theo
Nota	8	3	9	5	5	7	10

Para calcularmos a mediana, precisamos, primeiramente, colocar as notas da turma em ordem crescente, conforme indicado na tabela a seguir.

Tabela. Notas na prova de Matemática colocadas em ordem crescente.

Aluno	Ariel	Carol	Ísis	Luiz	Ana	Elsa	Theo
Nota	3	5	5	7	8	9	10

Se observamos as sete notas da tabela ordenadas de modo crescente, o valor central (quarto valor) é a nota 7, obtida por Luiz. Logo, a mediana das notas é 7.

8.4. OBSERVAÇÃO: MÉDIA PONDERADA.

No cálculo da média ponderada de um conjunto de valores ("números"), são dados "pesos" aos valores. Vejamos o exemplo 8.4.

Exemplo 8.4. Considere que Lúcia tenha tirado as notas indicadas na tabela a seguir na primeira (P1), na segunda (P2) e na terceira (P3) provas de Matemática.

Tabela. Notas de Lúcia em três provas (P1, P2 e P3) de Matemática.

Prova	P1	P2	P3
Nota	9	8	6

A média final da Lúcia em Matemática é a média ponderada das notas obtidas nas provas com os seguintes "pesos": a P1 tem peso 2, a P2 tem peso 4 e a P3 tem peso 5. Qual foi a média final da Lúcia?

De acordo com o enunciado, a média final de Lúcia é calculada conforme segue.

$$\text{Média final} = \frac{(\text{peso da P1})\text{x}(\text{nota P1}) + (\text{peso da P2})\text{x}(\text{nota P2}) + (\text{peso da P3})\text{x}(\text{nota P3})}{(\text{peso da P1}) + (\text{peso da P2}) + (\text{peso da P3})}$$

Temos os valores abaixo.

- Peso da P1: 2
- Peso da P2: 4
- Peso da P3: 5
- Nota P1: 9
- Nota P2: 8
- Nota P3: 6

Logo:

$$\text{Média final} = \frac{(2)\text{x}(9) + (4)\text{x}(8) + (5)\text{x}(6)}{(2) + (4) + (5)} = \frac{18 + 32 + 30}{11} = \frac{80}{11} = 7{,}3$$

Vamos estudar, nas questões 8.1 a 8.9, os tópicos analisados.

QUESTÃO 8.1 - Tema. Nota em prova e disputa por vaga em empresa.

Questão 8.1 (Enem 2015). Em uma seletiva para a final dos 100 metros livres de natação, numa olimpíada, os atletas, em suas respectivas raias, obtiveram os seguintes tempos indicados no quadro a seguir.

Raia	1	2	3	4	5	6	7	8
Tempo (s)	20,90	20,90	20,50	20,80	20,60	20,60	20,90	20,96

A mediana dos tempos apresentados no quadro é

a) 20,70 b) 20,77 c) 20,80 d) 20,85 e) 20,90

Análise do enunciado.
No enunciado, é dado um quadro contendo os tempos de 8 atletas em seletivas de 100 metros de natação.
Pede-se a mediana dos tempos.

Resolução da questão.
Para acharmos a mediana dos tempos, precisamos, primeiramente, colocar os tempos em ordem crescente, conforme mostrado a seguir.

Tempo (s)	20,50	20,60	20,60	20,80	20,90	20,90	20,90	20,96

Como a quantidade de elementos do conjunto é par (8 tempos), a mediana é a média aritmética dos dois valores centrais, ou seja, é a média aritmética entre 20,80s e 20,90s.

Vejamos:

$$\text{Média entre } 20{,}80\text{s e } 20{,}90\text{s} = \frac{20{,}80 + 20{,}90}{2} = \frac{41{,}70}{2} = 20{,}85\text{s}$$

Logo, a mediana dos tempos é 20,85s.

Alternativa correta: D.

QUESTÃO 8.2 - Tema. Nota em prova e disputa por vaga em empresa.

Questão 8.2 (Enem 2014). Os candidatos K, L, M, N e P estão disputando uma única vaga de emprego em uma empresa e fizeram provas de português, matemática, direito e informática. A tabela apresenta as notas obtidas pelos cinco candidatos.

Candidatos	Português	Matemática	Direito	Informática
K	33	33	33	34
L	32	39	33	34
M	35	35	36	34
N	24	37	40	35
P	36	16	26	41

Segundo o edital de seleção, o candidato aprovado será aquele para o qual a mediana das notas obtidas por ele nas quatro disciplinas for a maior. O candidato aprovado será

a) K b) L c) M d) N e) P

Análise do enunciado.

No enunciado, é dada uma tabela contendo as notas de português, matemática, direito e informática de cinco candidatos (K, L, M, N e P) que disputam uma única vaga de emprego. O candidato aprovado é aquele com maior mediana das notas.

Pede-se o candidato aprovado.

Resolução da questão.

Para acharmos as medianas das notas obtidas pelos cinco candidatos (K, L, M, N e P), precisamos, primeiramente, colocar as notas em ordem crescente, conforme feito na tabela a seguir.

Candidato	Notas ordenadas em ordem crescente
K	33 (Português) - 33 (Matemática) - 33 (Direito) - 34 (Informática)
L	32 (Português) - 33 (Direito) - 34 (Informática) - 39 (Matemática)
M	34 (Informática) - 35 (Português) - 35 (Matemática) - 36 (Direito)
N	24 (Português) - 35 (Informática) - 37 (Matemática) - 40 (Direito)
P	16 (Matemática) - 26 (Direito) - 36 (Português) - 41 (Informática)

Como há número par de notas para cada candidato, pois foram feitas provas de quatro disciplinas (Português, Matemática, Direito e Informática), a mediana é a média das duas notas centrais, após a ordenação das notas.

Na tabela a seguir, estão reinseridas as notas ordenadas, sem a indicação da disciplina, e também estão calculadas as medianas das notas dos candidatos.

Candidato	Notas em ordem crescente	Mediana (média das duas notas centrais)
K	33 - 33 - 33 - 34	$\frac{33+33}{2}=33$
L	32 - 33 - 34 - 39	$\frac{33+34}{2}=33{,}5$
M	34 - 35 - 35 - 36	$\frac{35+35}{2}=35$
N	24 - 35 - 37 - 40	$\frac{35+37}{2}=36$
P	16 - 26 - 36 - 41	$\frac{26+36}{2}=31$

Logo, o candidato com maior mediana é o N (mediana igual a 36).

Alternativa correta: D.

QUESTÃO 8.3 - Tema. Valores de diárias em hotéis.

Questão 8.3 (Enem 2013). Foi realizado um levantamento nos 200 hotéis de uma cidade, no qual foram anotados os valores, em reais, das diárias para um quarto padrão de casal e a quantidade de hotéis para cada valor da diária. Os valores das diárias foram: A=R$200,00; B=R$300,00; C=R$400,00 e D=R$600,00. No gráfico, as áreas representam as quantidades de hotéis pesquisados, em porcentagem, para cada valor da diária.

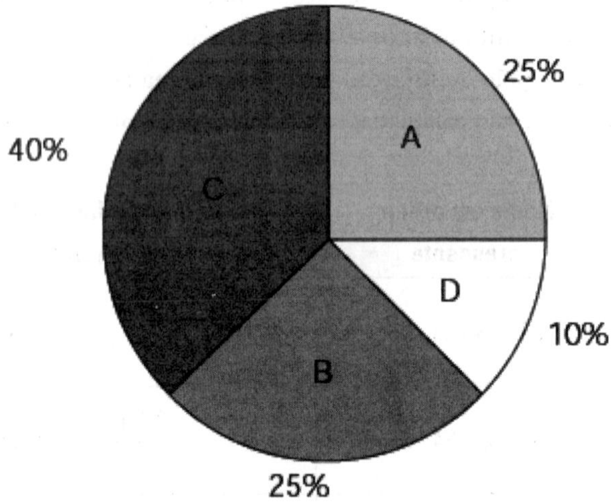

O valor mediano da diária, em reais, para o quarto padrão de casal nessa cidade, é

a) 300,00. b) 345,00. c) 350,00. d) 375,00. e) 400,00.

Análise do enunciado.
No enunciado, informa-se que, para os 200 hotéis de uma cidade, foram anotados os valores (em R$) das diárias para um quarto padrão de casal e as quantidades de hotéis para cada valor da diária.

Houve quatro valores diferentes de diárias:
A=R$200,00; B=R$300,00; C=R$400,00 e D=R$600,00.
É dado um gráfico em que áreas representam as porcentagens de hotéis para cada valor da diária.
Pede-se o valor mediano da diária (em R$) para o quarto padrão de casal na cidade em estudo.

Resolução da questão.
Pelo gráfico, podemos verificar o que segue.

- 25% dos 200 hotéis cobram diária A.
- 25% dos 200 hotéis cobram diária B.
- 40% dos 200 hotéis cobram diária C.
- 10% dos 200 hotéis cobram diária A.

Logo, as quantidades de hotéis que cobram as diárias A, B, C e D são as calculadas a seguir.

Diária A: $25\% \text{ de } 200 = 200x\frac{25}{100} = 200x0,25 = 50 \text{ hotéis}$

Diária B: $25\% \text{ de } 200 = 200x\frac{25}{100} = 200x0,25 = 50 \text{ hotéis}$

Diária C: $40\% \text{ de } 200 = 200x\frac{40}{100} = 200x0,40 = 80 \text{ hotéis}$

Diária D: $10\% \text{ de } 200 = 200x\frac{10}{100} = 200x0,10 = 20 \text{ hotéis}$

Na tabela a seguir, temos um resumo dos cálculos executados.

Valor da diária em ordem crescente	A (R$200,00)	B (R$300,00)	C (R$400,00)	D (R$600,00)
Quantidade de hotéis	50	50	80	20

Como há número par de hotéis (200), a mediana do valor da diária é a média dos valores das diárias centrais, ou seja, a média entre a centésima medida (R$300,00) e a centésima primeira medida (R$400,00). Logo:

$$\text{Mediana} = \frac{300 + 400}{2} = 350\ (\text{R\$}350{,}00)$$

Alternativa correta: C.

QUESTÃO 8.4 - Tema. Medidas de temperatura do ambiente.

Questão 8.4 (Enem 2011). Uma equipe de especialistas do centro meteorológico de uma cidade mediu a temperatura do ambiente, sempre no mesmo horário, durante 15 dias intercalados, a partir do primeiro dia de um mês. Esse tipo de procedimento é frequente, uma vez que os dados coletados servem de referência para estudos e verificação de tendências climáticas ao longo dos meses e anos. As medições ocorridas nesse período estão indicadas na tabela.

Dia do mês	Temperatura (em °C)
1	15,5
3	14
5	13,5
7	18
9	19,5
11	20
13	13,5
15	13,5
17	18
19	20
21	18,5

23	13,5
25	21,5
27	20
29	16

Em relação à temperatura, os valores da média, mediana e moda são, respectivamente, iguais a

a) 17°C, 17°C e 13,5°C.
b) 17°C, 18°C e 13,5°C.
c) 17°C, 13,5°C e 18°C.
d) 17°C, 18°C e 21,5°C.
e) 17°C, 13,5°C e 21,5°C.

Análise do enunciado.
No enunciado, é dada uma tabela contendo as medidas de temperatura do ambiente feitas, durante 15 dias intercalados, por uma equipe do centro meteorológico de uma cidade.
Pedem-se os valores da média, da mediana e da moda das temperaturas.

Resolução da questão.
Para acharmos a média das temperaturas, somamos todas as medidas realizadas e dividimos essa soma pela quantidade de medidas (15), conforme indicado a seguir.

Dia do mês	Temperatura (em °C)
1	15,5
3	14
5	13,5
7	18
9	19,5
11	20
13	13,5

15	13,5
17	18
19	20
21	18,5
23	13,5
25	21,5
27	20
29	16
	Soma = 255

$$\text{MÉDIA} = \frac{\text{soma das temperaturas}}{\text{quantidade de medidas}} = \frac{255}{15} = 17\ (17\,^{\circ}\text{C})$$

Para acharmos a mediana das temperaturas, precisamos, primeiramente, colocar as temperaturas em ordem crescente, conforme mostrado a seguir.

Dia do mês	Temperatura (em °C)
5	13,5
13	13,5
15	13,5
23	13,5
3	14
1	15,5
29	16
7	18
17	18
21	18,5
9	19,5
11	20
19	20
27	20
25	21,5

Como há número ímpar de medidas (15), a mediana das temperaturas é a medida central observada após a colocação das temperaturas em ordem crescente, ou seja, é o oitavo termo da tabela anterior, que vale 18ºC.
Logo, a mediana é 18ºC.
A moda é o valor mais frequente, ou seja, o valor que aparece mais vezes na tabela do enunciado. Logo, a moda é 13,5ºC.

Alternativa correta: B.

QUESTÃO 8.5 - Tema. Notas em competição em ciências em uma escola.

Questão 8.5 (Enem 2014). Ao final de uma competição em ciências em uma escola, restaram apenas três candidatos. De acordo com as regras, o vencedor será o candidato que obtiver a maior média ponderada entre as notas das provas finais nas disciplinas química e física, considerando, respectivamente, os pesos 4 e 6 para elas. As notas são sempre números inteiros. Por questões médicas, o candidato II ainda não fez a prova final de química. No dia em que sua avaliação for aplicada, as notas dos outros dois candidatos, em ambas as disciplinas, já terão sido divulgadas.

O quadro apresenta as notas obtidas pelos finalistas nas provas finais.

Candidato	Química	Física
I	20	23
II	X	25
III	21	18

A menor nota que o candidato II deverá obter na prova final de química para vencer a competição é

a) 18. b) 19. c) 22. d) 25. e) 26.

Análise do enunciado.

No enunciado, informa-se que o vencedor de uma competição de ciências, entre os finalistas I, II e III, será o que obtiver a maior média ponderada nas notas das provas de química e física, com pesos, respectivamente, 4 e 6. As notas são números inteiros.

O candidato I obteve nota 20 em química e nota 23 em física.

O candidato II não fez a prova de química, por questões médicas, e obteve nota 25 em física.

Pede-se a nota mínima que o candidato II deverá obter na prova de química para vencer a competição.

Resolução da questão.

Como a média de cada candidato é a média ponderada das notas de química e de física com pesos 4 e 6, respectivamente, podemos escrever o seguinte:

$$Média\ \ ponderada = \frac{(nota\ de\ química)x4 + (nota\ de\ física)x6}{4+6}$$

$$Média\ \ ponderada = \frac{(nota\ de\ química)x4 + (nota\ de\ física)x6}{10}$$

A média ponderada do candidato I é 21,8, pois:

$$Média\ \ ponderada\,(\mathrm{I}) = \frac{(20)\mathrm{x}4 + (23)\mathrm{x}6}{10} = \frac{80+138}{10} = \frac{218}{10} = 21{,}8$$

A média ponderada do candidato III é 19,2, pois:

$$Média\ \ ponderada\,(\mathrm{III}) = \frac{(21)\mathrm{x}4 + (18)\mathrm{x}6}{10} = \frac{84+108}{10} = \frac{192}{10} = 19{,}2$$

Entre os candidatos I e III, o de maior média ponderada é o I, com 21,8. Se a média do candidato II for 21,8, ele empata com o candidato I.

Vamos calcular a nota N que o candidato II deve tirar em química para empatar com o candidato I:

$$Média\ ponderada\,(II) = 21{,}8 = \frac{Nx4 + (25)x6}{10}$$

$$21{,}8x10 = Nx4 + 150 \Rightarrow 218 - 150 = Nx4 \Rightarrow 68 = Nx4 \Rightarrow \frac{68}{4} = N \Rightarrow N = 17$$

Ou seja, se o candidato II obtiver nota 17 em química, ele empata com o candidato I.
Visto que a nota é um número inteiro, o nota mínima para que o candidato II vença a competição é 18.

Alternativa correta: A.

QUESTÃO 8.6 - Tema. Reagentes para a produção de determinado produto.

Questão 8.6 (Enem 2014). Um pesquisador está realizando várias séries de experimentos com alguns reagentes para verificar qual o mais adequado para a produção de determinado produto. Cada série consiste em avaliar um dado reagente em cinco experimentos diferentes. O pesquisador está especialmente interessado naquele reagente que apresentar a maior quantidade dos resultados de seus experimentos acima da média encontrada para aquele reagente. Após a realização de cinco séries de experimentos, o pesquisador encontrou os seguintes resultados.

	Reagente 1	Reagente 2	Reagente 3	Reagente 4	Reagente 5
Experimento 1	1	0	2	2	1
Experimento 2	6	6	3	4	2
Experimento 3	6	7	8	7	9

Experimento 4	6	6	10	8	10
Experimento 5	11	5	11	12	11

Levando-se em consideração os experimentos feitos, o reagente que atende às expectativas do pesquisador é o

a) 1. b) 2. c) 3. d) 4. e) 5.

Análise do enunciado.

No enunciado, informa-se que um pesquisador está interessado, entre cinco reagentes testados, naquele que apresentar a maior quantidade de experimentos com resultados positivos acima da média encontrada para ele.

É dada uma tabela contendo o número de resultados positivos para cada um dos cinco reagentes em cinco experimentos.

Pede-se o reagente que atende às expectativas do pesquisador.

Resolução da questão.

Pela tabela do enunciado, podemos calcular o número de resultados positivos para cada reagente, conforme segue.

- Reagente 1: 1+6+6+6+11 = 30 resultados positivos no total dos 5 experimentos.
- Reagente 2: 0+6+7+6+5 = 24 resultados positivos no total dos 5 experimentos.
- Reagente 3: 2+3+8+10+11 = 34 resultados positivos no total dos 5 experimentos.
- Reagente 4: 2+4+7+8+12 = 33 resultados positivos no total dos 5 experimentos.
- Reagente 5: 1+2+9+10+11 = 33 resultados positivos no total dos 5 experimentos.

Na tabela a seguir, temos a média de resultados positivos de cada reagente. Essa média é calculada pela divisão entre o número de resultados positivos e o número total de experimentos, que é 5.

Média de resultados positivos $\text{Média} = \dfrac{\text{número total de resultados positivos}}{\text{número total de experimentos}}$	
Reagente 1	$\text{Média} = \dfrac{30}{5} = 6$
Reagente 2	$\text{Média} = \dfrac{24}{5} = 4,8$
Reagente 3	$\text{Média} = \dfrac{34}{5} = 6,8$
Reagente 4	$\text{Média} = \dfrac{33}{5} = 6,6$
Reagente 5	$\text{Média} = \dfrac{33}{5} = 6,6$

De acordo com o enunciado, o pesquisador está interessado no reagente que apresentar a maior quantidade de experimentos com resultados positivos acima da média encontrada para ele. Essa contagem de resultados positivos acima da média está mostrada na tabela a seguir.

	Média	Quantidade de experimentos com resultados positivos acima da média
Reagente 1	6	Um (11 resultados positivos no experimento 5)
Reagente 2	4,8	Quatro (5 resultados positivos no experimento 5, 6 resultados positivos nos experimentos 2 e 4 e 7 resultados positivos no experimento 3)
Reagente 3	6,8	Três (8 resultados positivos no experimento 3, 10 resultados positivos no experimento 4 e 11 resultados positivos no experimento 5)
Reagente 4	6,6	Três (7 resultados positivos no experimento 3, 8 resultados positivos no experimento 4 e 12 resultados positivos no experimento 5)
Reagente 5	6,6	Três (9 resultados positivos no experimento 3, 10 resultados positivos no experimento 4 e 11 resultados positivos no experimento 5)

Logo, o reagente 2 é o que apresenta maior quantidade de experimentos com número de resultados positivos maior do que a sua própria média de resultados positivos.

Alternativa correta: B.

QUESTÃO 8.7 - Tema. Notas de professor que participou de processo seletivo.

Questão 8.7 (Enem 2013). As notas de um professor que participou de um processo seletivo, em que a banca avaliadora era composta por cinco membros, são apresentadas no gráfico. Sabe-se que cada membro da banca atribuiu duas notas ao professor, uma relativa aos conhecimentos específicos da área de atuação e outra, aos conhecimentos pedagógicos, e que a média final do professor foi dada pela média aritmética de todas as notas atribuídas pela banca avaliadora.

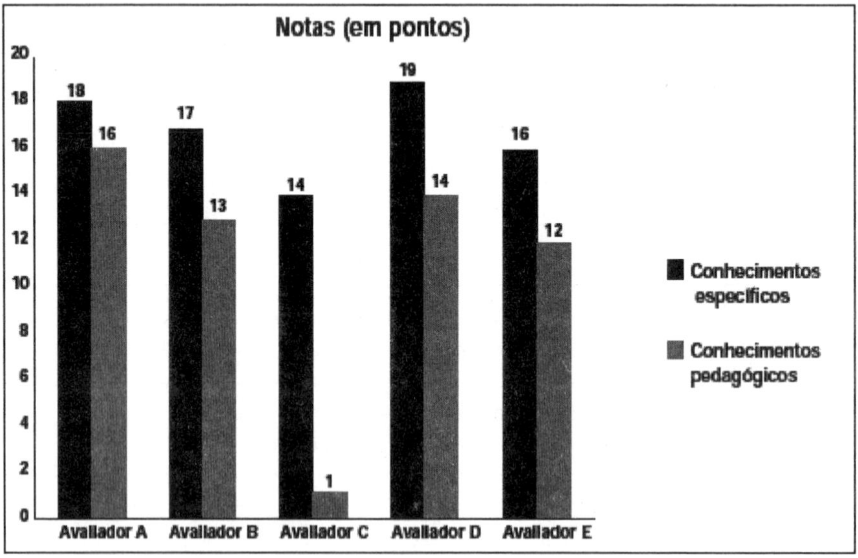

Utilizando um novo critério, essa banca avaliadora resolveu descartar a maior e a menor notas atribuídas ao professor. A nova média, em relação à média anterior, é

a) 0,25 ponto maior.
b) 1,00 ponto maior.
c) 1,00 ponto menor.
d) 1,25 ponto maior.
e) 2,00 pontos menor.

Análise do enunciado.
No enunciado, é dado um gráfico que mostra as notas recebidas por um professor que participou de um processo seletivo. Cada um dos cinco membros da banca avaliadora (avaliadores A, B, C, D e E) atribuiu duas notas ao professor (uma de conhecimentos específicos e outra de conhecimentos pedagógicos).
Inicialmente, a média final do professor seria a média aritmética das notas atribuídas pela banca avaliadora. Utilizando um novo critério, a banca avaliadora descartou a maior nota e a menor nota atribuídas ao professor.
Pede-se uma comparação entre a nova média e a média inicial.

Resolução da questão.
Do gráfico, vemos que o professor recebeu 10 notas, duas de cada um dos cinco avaliadores. Essas notas são as mostradas na tabela a seguir.

	Nota recebida (pontos)
Avaliador A – conhecimentos específicos	18
Avaliador A – conhecimentos pedagógicos	16
Avaliador B – conhecimentos específicos	17
Avaliador B – conhecimentos pedagógicos	13
Avaliador C – conhecimentos específicos	14
Avaliador C – conhecimentos pedagógicos	1
Avaliador D – conhecimentos específicos	19
Avaliador D – conhecimentos pedagógicos	14
Avaliador E – conhecimentos específicos	16
Avaliador E – conhecimentos pedagógicos	12

A média inicial do professor é dada pela soma de todas as notas dividida pela quantidade de notas, que vale 10, conforme segue.

$$\text{Média inicial} = \frac{\text{soma de todas as notas}}{\text{quantidade total de notas}} = \frac{\text{soma de todas as notas}}{10}$$

$$\text{Média inicial} = \frac{18+16+17+13+14+1+19+14+16+12}{10} = \frac{140}{10} = 14$$

Logo, a média inicial do professor é de 14 pontos.
Para calcular a nova média, a banca avaliadora descartou a maior nota e a menor nota atribuídas ao professor. Ou seja, a banca avaliadora descartou a nota de conhecimentos específicos dada pelo avaliador D (19 pontos) e a nota de conhecimentos pedagógicos dada pelo avaliador C (1 ponto).
Desse modo, para o cálculo da nova média, devemos considerar apenas as 8 notas mostradas na tabela a seguir.

	Nota recebida (pontos)
Avaliador A – conhecimentos específicos	18
Avaliador A – conhecimentos pedagógicos	16
Avaliador B – conhecimentos específicos	17
Avaliador B – conhecimentos pedagógicos	13
Avaliador C – conhecimentos específicos	14
Avaliador D – conhecimentos pedagógicos	14
Avaliador E – conhecimentos específicos	16
Avaliador E – conhecimentos pedagógicos	12

A nova média do professor é dada pela soma das oito notas mostradas na tabela anterior dividida pela quantidade de notas, que vale 8, conforme segue.

$$\text{Nova média} = \frac{\text{soma das oito notas}}{\text{quantidade de notas}} = \frac{18+16+17+13+14+14+16+12}{8} = \frac{120}{8} = 15$$

Logo, a nova média do professor é de 15 pontos.
Concluímos que a nova média, em relação à média inicial, é 1,00 ponto maior, pois passou de 14 pontos para 15 pontos.

Alternativa correta: B.

QUESTÃO 8.8 - Tema. Participação dos estudantes na Olimpíada Brasileira de Matemática das Escolas Públicas (OBMEP).

Questão 8.8 (Enem 2011). A participação dos estudantes na Olimpíada Brasileira de Matemática das Escolas Públicas (OBMEP) aumenta a cada ano. O quadro indica o percentual de medalhistas de ouro, por região, nas edições da OBMEP de 2005 a 2009.

Região	2005	2006	2007	2008	2009
Norte	2%	2%	1%	2%	1%
Nordeste	18%	19%	21%	15%	19%
Centro-Oeste	5%	6%	7%	8%	9%
Sudeste	55%	61%	58%	66%	60%
Sul	21%	12%	13%	9%	11%

Disponível em <http://obmep.org.br>. Acesso em 12 abr. 2010 (adaptado).

Em relação às edições de 2005 a 2009 da OBMEP, qual o percentual médio de medalhistas de ouro da região Nordeste?

a) 14,6% b) 18,2% c) 18,4% d) 19,0% e) 21,0%

Análise do enunciado.
No enunciado, é dado um quadro que mostra os percentuais de medalhistas de ouro, por região do Brasil, nas edições de 2005 a 2009 da Olimpíada Brasileira de Matemática das Escolas Públicas (OBMEP).
Pede-se o percentual médio de medalhistas de ouro da região Nordeste.

Resolução da questão.

Do quadro do enunciado, podemos extrair a tabela a seguir, que mostra os percentuais de medalhistas de ouro, na região Nordeste, em 5 edições (de 2005 a 2009) da OBMEP.

Edição da OBMEP	2005	2006	2007	2008	2009
Região Nordeste	18%	19%	21%	15%	19%

O percentual médio de medalhistas de ouro da região Nordeste é dado pela soma de todos os percentuais da tabela anterior dividida pela quantidade de edições da OBMEP, que vale 5, conforme segue.

$$\text{Percentual médio} = \frac{\text{soma de todas os percentuais}}{\text{quantidade total de edições da OBMEP}} = \frac{\text{soma de todas os percentuais}}{5}$$

$$\text{Percentual médio} = \frac{18\% + 19\% + 21\% + 15\% + 19\%}{5} = \frac{92\%}{5} = 18{,}4\%$$

Logo, o percentual médio de medalhistas de ouro da região Nordeste é de 18,4%.

Alternativa correta: C.

QUESTÃO 8.9 - Tema. Classificação final em concurso.

Questão 8.9 (Enem 2015). Um concurso é composto por cinco etapas. Cada etapa vale 100 pontos. A pontuação final de cada candidato é a média de suas notas nas cinco etapas. A classificação obedece à ordem decrescente das pontuações finais. O critério de desempate baseia-se na maior pontuação na quinta etapa.

Candidato	Média nas quatro primeiras etapas	Pontuação na quinta etapa
A	90	60
B	85	85
C	80	95
D	60	90
E	60	100

A ordem de classificação final desse concurso é

a) A, B, C, E, D.
b) B, A, C, E, D.
c) C, B, E, A, D.
d) C, B, E, D, A.
e) E, C, D, B, A.

Análise do enunciado.
No enunciado, informa-se que um concurso é feito em cinco etapas.
Cada etapa vale 100 pontos e a pontuação final é a média de suas notas nas cinco etapas. O critério de desempate é a maior pontuação na quinta etapa.
É fornecido um quadro com as médias de cinco candidatos (A, B, C, D e E) nas quatro primeiras etapas e as pontuações na quinta etapa.
Pede-se a ordem de classificação final desse concurso (do "melhor" para o "pior").

Resolução da questão.
Para acharmos a média final de cada candidato, devemos "dar peso 4" para a média obtida nas quatro primeiras etapas e "dar peso 1" para a pontuação obtida na quinta etapa, conforme indicado no quadro a seguir.

Candidato	Média nas quatro primeiras etapas	Pontuação na quinta etapa	Média final
A	90	60	$\frac{4x90+1x60}{5}=84$
B	85	85	$\frac{4x85+1x85}{5}=85$
C	80	95	$\frac{4x80+1x95}{5}=83$
D	60	90	$\frac{4x60+1x90}{5}=66$
E	60	100	$\frac{4x60+1x100}{5}=68$

Assim, vemos que a ordem de classificação final no concurso, do "melhor" para o "pior", é: B (85 pontos), A (84 pontos), C (83 pontos), E (68 pontos) e D (66 pontos).

Alternativa correta: B.

CAPÍTULO 9

ESCALAS

Vamos observar as tiras em cor cinza das figuras 9.1 (tira A) e 9.2 (tira B).

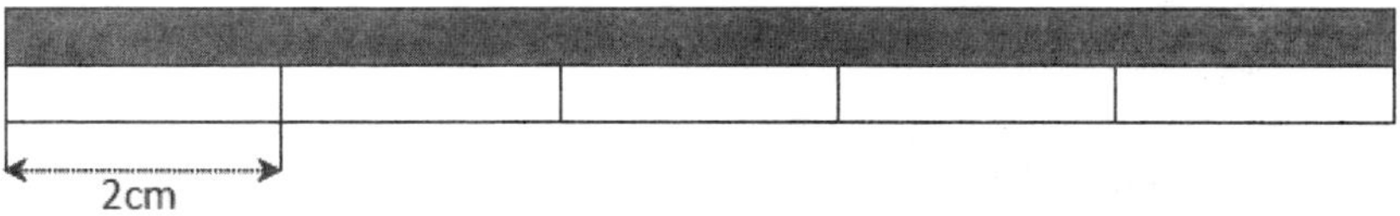

Figura 9.1. Tira A.

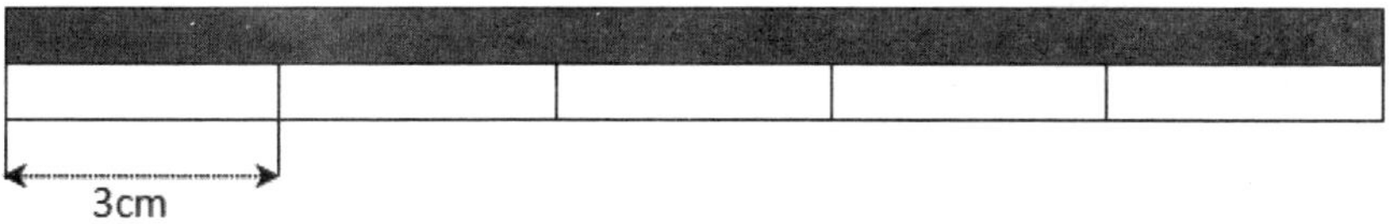

Figura 9.2. Tira B.

Vemos que as tiras A e B ocupam o mesmo espaço da página. Mas elas têm realmente o mesmo tamanho? Não, pois estão representadas em escalas diferentes. Na figura 9.1, está indicado que a base de cada "retângulo" equivale a 2cm. Como a tira A ocupa 5 retângulos, sua largura verdadeira é igual a 10cm, pois a multiplicação de 5 (retângulos) por 2cm resulta em 10cm.

Na figura 9.2, está indicado que a base de cada "retângulo" equivale a 3cm. Como a tira A ocupa 5 retângulos, sua largura verdadeira é igual a 15cm, pois a multiplicação de 5 (retângulos) por 3cm resulta em 15cm.

Ou seja, considerando-se as escalas mostradas nas figuras 9.1 e 9.2, a tira B é maior do que a tira A, embora ambas "aparentem" ser iguais.
Agora, vamos observar a figura 9.3.

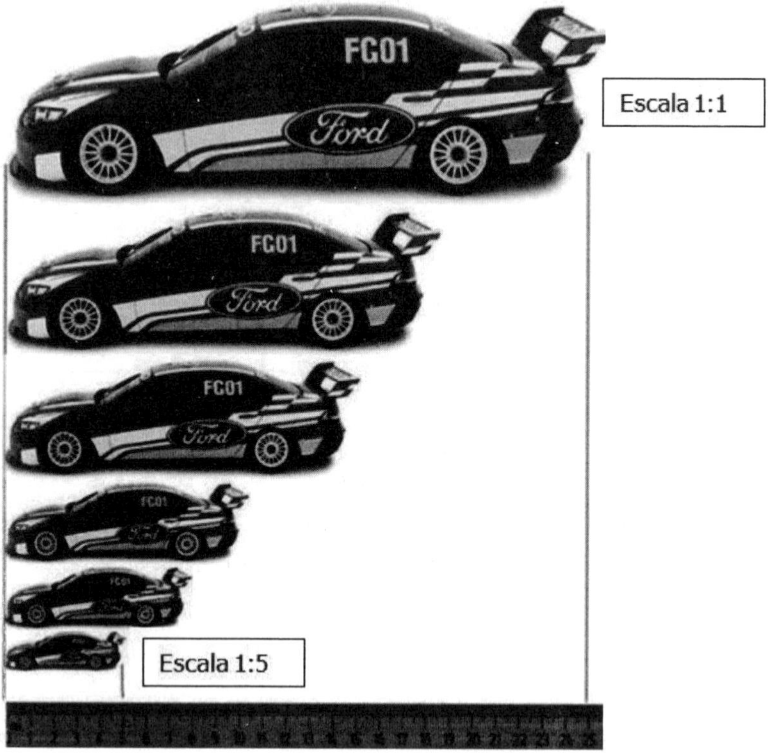

Figura 9.3. Carro representado em diversas escalas.
Disponível em <http://cobratoys.com.au/blog/tag/143/>. Acesso em 07 jul. 2015 (com adaptações).

Na figura 9.3, há o mesmo carrinho de brinquedo representado em diferentes escalas.

Na imagem superior, temos a indicação "escala 1:1", lida como "escala um para um". Ou seja, nessa escala, 1cm da régua equivale a 1cm real. Logo, se na "escala 1:1" o carrinho mede 25cm, isso significa que mede, na realidade, 25cm.

Na imagem inferior, temos a indicação "escala 1:5", lida como "escala um para cinco". Ou seja, nessa escala, 1cm da régua equivale a 5cm reais. Logo, para sabermos o tamanho X real de um carrinho com medida de 5cm "na régua em escala 1:5", fazemos a regra de três a seguir.

1cm na régua – 5cm reais
5cm na régua – X

Para acharmos o resultado X, fazemos a seguinte igualdade, vinda da multiplicação "em cruz" dos valores presentes no esquema anterior:

$$1xX = 5x5 \Rightarrow X = \frac{25}{1} \Rightarrow X = 25cm$$

Logo, se na "escala 1:5" o carrinho mede 5cm, isso significa que mede, na realidade, 25cm. Já esperávamos esse resultado, pois foi dito, inicialmente, que na figura 9.3 há o mesmo carrinho de brinquedo representado em diferentes escalas. Ou seja, se ele mede na realidade 25cm em "escala 1:1", essa deve ser sua medida real em qualquer outra escala.
Vejamos o exemplo 9.1 a seguir.

Exemplo 9.1. Imagine que você tenha feito, em um pedaço de papel, uma "linha reta desenhada" de 2cm e diga que esse desenho utilizou uma escala de 1:100.000 (escala de um para cem mil) para representar uma "linha reta real". Qual seria o verdadeiro comprimento dessa "linha reta real"?

Você fez um uma "linha reta desenhada pequena", de 2cm de comprimento, que cabe tranquilamente em um pedaço de papel.
A escala utilizada é 1:100.000. Isso significa que um centímetro de comprimento representado no papel equivale a cem mil centímetros de comprimento real.
Como a linha reta desenhada em escala 1:100.000 tem 2cm de comprimento, para sabermos o comprimento C da "linha reta real", fazemos a regra de três a seguir.

1cm ("no papel") – 100.000cm ("na realidade")
2cm ("no papel") – C

Para acharmos o resultado C, fazemos a seguinte igualdade, vinda da multiplicação "em cruz" dos valores presentes no esquema anterior:

$$1xC = 2x100.000 \Rightarrow C = 200.000cm$$

Logo, uma "linha reta desenhada" de 2cm feita em escala 1:100.000 representa uma "linha reta real" de 200.000cm.
Somente para termos noção, 200.000cm equivalem a dois quilômetros (2km), ou dois mil metros (2.000m), o que seria impossível de ser desenhado em um pedaço de papel.

Para entendermos melhor esse tema, vamos estudar as questões 9.1 a 9,5, que tratam, por meio de situações concretas, de casos de uso de escalas.

QUESTÃO 9.1 - Tema. Armário em vaga de garagem.

Questão 9.1 (Enem 2014). O condomínio de um edifício permite que cada proprietário de apartamento construa um armário em sua vaga de garagem. O projeto da garagem, na escala 1:100, foi disponibilizado aos interessados já com as especificações das dimensões do armário, que deveria ter o formato de um paralelepípedo retângulo reto, com dimensões, no projeto, iguais a 3cm, 1cm e 2cm. O volume real do armário, em centímetros cúbicos, será

a) 6. b) 600. c) 6.000. d) 60.000. e) 6.000.000.

Análise do enunciado.
No enunciado, informa-se que, no projeto de um armário em forma de paralelepípedo constam as seguintes medidas: 3cm, 1cm e 2cm e que a escala utilizada foi 1:100.
Pede-se o volume real do armário, em cm^3.

Resolução da questão.
No desenho, temos um paralelepípedo com as seguintes dimensões: base desenhada de 3cm, altura desenhada de 2cm e espessura desenhada de 1cm.
A escala utilizada é 1:100. Isso significa que um centímetro representado no papel equivale a cem centímetros reais.

Como a base desenhada em escala 1:100.000 tem 3cm, para sabermos a medida B da base real, fazemos a regra de três a seguir.

1cm ("no papel") – 100cm ("na realidade")
3cm ("no papel") – B

Para acharmos o resultado B, fazemos a seguinte igualdade, vinda da multiplicação "em cruz" dos valores presentes no esquema anterior:

$$1xB = 3x100 \Rightarrow B = 300cm$$

Como a altura desenhada em escala 1:100.000 tem 2cm, para sabermos a medida H da altura real, fazemos a regra de três a seguir.

1cm ("no papel") – 100cm ("na realidade")
2cm ("no papel") – H

Para acharmos o resultado H, fazemos a seguinte igualdade, vinda da multiplicação "em cruz" dos valores presentes no esquema anterior:

$$1xH = 2x100 \Rightarrow H = 200cm$$

Como a espessura desenhada em escala 1:100.000 tem 1cm, para sabermos a medida E da espessura, fazemos a regra de três a seguir.

1cm ("no papel") – 100cm ("na realidade")
1cm ("no papel") – E

Para acharmos o resultado E, fazemos a seguinte igualdade, vinda da multiplicação "em cruz" dos valores presentes no esquema anterior:

$$1xE = 1x100 \Rightarrow E = 100cm$$

O volume real V do armário é dado pela multiplicação entre as medidas de sua base B (300cm), de sua altura H (200cm) e de sua espessura E (100cm):

$$V = BxHxE = 300x200x100 \Rightarrow V = 6.000.000cm^3$$

Alternativa correta: E.

QUESTÃO 9.2 - Tema. Trajeto escolar de bicicleta.

Questão 9.2 (Enem 2013). A Secretaria de Saúde de um município avalia um programa que disponibiliza, para cada aluno de uma escola municipal, uma bicicleta, que deve ser usada no trajeto de ida e volta, entre sua casa e a escola. Na fase de implantação do programa, o aluno que morava mais distante da escola realizou sempre o mesmo trajeto, representado na figura, na escala 1:25.000, por um período de cinco dias.

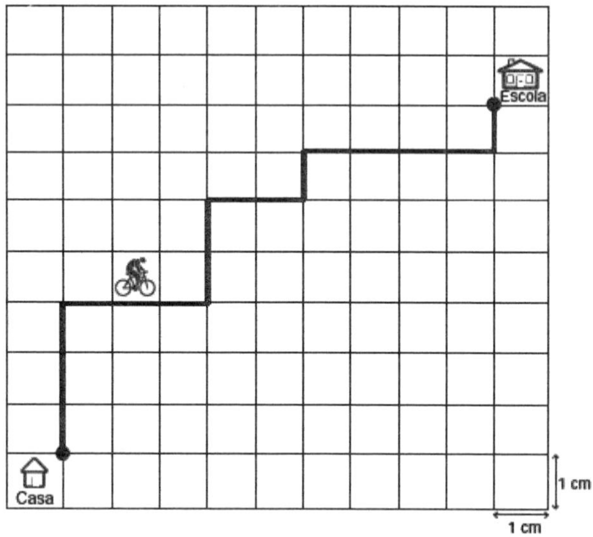

Quantos quilômetros esse aluno percorreu na fase de implantação do programa?

a) 4 b) 8 c) 16 d) 20 e) 40

Análise do enunciado.

No enunciado, é desenhado, em escala 1:25.000, o trajeto diário, em cm, feito de bicicleta por um aluno, desde a sua casa até a escola.

Pede-se a quantidade de quilômetros que o aluno efetivamente percorreu em cinco dias.

Resolução da questão.

No desenho, vemos que o aluno percorreu por dia, na ida de sua casa para a escola, 3cm "para cima", 3cm "para direita", 2cm "para cima", 2cm "para direita", 1cm "para cima", 4cm "para direita" e 1cm "para cima". Isso totaliza 16cm desenhados no papel.

Como o desenho foi feito em escala 1:25.000, cada 1cm no papel equivale a 25.000cm reais. Logo, para sabermos a medida M do trajeto de casa para a casa, representado por 16cm, fazemos a regra de três a seguir.

$$\begin{array}{ll} 1\text{cm ("no papel")} - & 25.000\text{cm ("na realidade")} \\ 16\text{cm ("no papel")} - & \text{M} \end{array}$$

Para acharmos o resultado M, fazemos a seguinte igualdade, vinda da multiplicação "em cruz" dos valores presentes no esquema anterior:

$$1\text{x}M = 16\text{x}25.000 \Rightarrow M = 400.000\text{cm}$$

Se considerarmos a ida de casa para a escola e a volta da escola para casa, temos o dobro de 400.000cm, que resulta em 800.000cm. Ou seja, o trajeto diário é de 800.000cm.

Em cinco dias, a distância percorrida é de 4.000.000cm, que é o resultado da multiplicação do trajeto diário de 800.000cm por 5.

Como 1km equivale a 100.000cm, a distância percorrida D em 5 dias, de 4.000.000cm, equivale a 40km, conforme mostrado na regra de três a seguir.

1km – 100.000cm
D – 4.000.000cm

$$100.000xD = 1x4.000.000 \Rightarrow D = \frac{4.000.000}{100.000} \Rightarrow D = 40km$$

Alternativa correta: E.

QUESTÃO 9.3 - Tema. Representações de árvores.

Questão 9.3 (Enem 2012). Um biólogo mediu a altura de cinco árvores distintas e representou-as em uma mesma malha quadriculada, utilizando escalas diferentes, conforme indicações na figura a seguir.

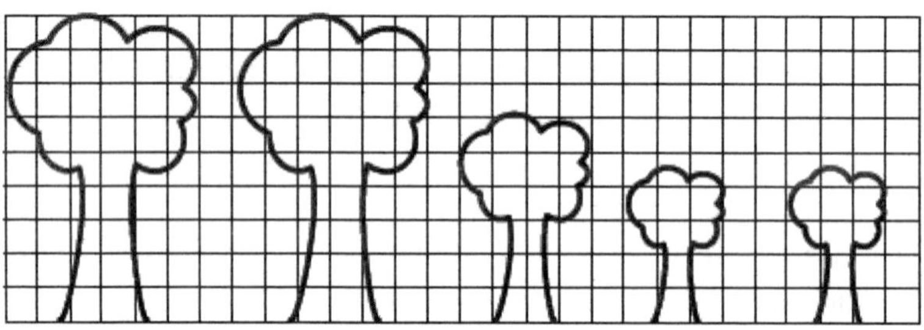

I	II	III	IV	V
1:100	2:100	2:300	1:300	2:300

Qual é a árvore que apresenta a maior altura real?

a) I b) II c) III d) IV e) V

Análise do enunciado.

No enunciado, são dadas as representações, em diferentes escalas, das alturas de cinco árvores em uma mesma malha quadriculada.

Pede-se a árvore de maior altura real.

Resolução da questão.

A árvore I tem altura representada por 9 quadrados em escala 1:100. Logo, se cada quadrado vale 100, 9 quadrados valem 900 e altura H1 da árvore I é 900, conforme mostrado na regra de três a seguir.

1 quadrado – 100
9 quadrados – H1

$$1xH1 = 9x100 \Rightarrow H1 = \frac{900}{1} \Rightarrow H1 = 900$$

A árvore II tem altura representada por 9 quadrados em escala 2:100. Logo, se dois quadrados valem 100, 9 quadrados valem 450 e altura H2 da árvore II é 450, conforme mostrado na regra de três a seguir.

2 quadrados – 100
9 quadrados – H2

$$2xH2 = 9x100 \Rightarrow H2 = \frac{900}{2} \Rightarrow H2 = 450$$

A árvore III tem altura representada por 6 quadrados em escala 2:300. Logo, se 2 quadrados valem 300, 6 quadrados valem 900 e altura H3 da árvore III é 900, conforme mostrado na regra de três a seguir.

2 quadrados – 300
6 quadrados – H3

$$2xH3 = 6x300 \Rightarrow H3 = \frac{1.800}{2} \Rightarrow H3 = 900$$

A árvore IV tem altura representada por 4,5 quadrados em escala 1:300. Logo, se um quadrado vale 300, 4,5 quadrados valem 1.350 e altura H4 da árvore IV é 1.350, conforme mostrado na regra de três a seguir.

$$\boxed{\begin{array}{ll} 1\text{ quadrado} & -\ 300 \\ 4{,}5\text{ quadrados} & -\ H4 \end{array}}$$

$$1xH4 = 4{,}5x300 \Rightarrow H4 = \frac{1.350}{1} \Rightarrow H4 = 1.350$$

A árvore V tem altura representada por 4,5 quadrados em escala 2:300. Logo, se 2 quadrados valem 300, 4,5 quadrados valem 675 e altura H5 da árvore IV é 675, conforme mostrado na regra de três a seguir.

$$\boxed{\begin{array}{ll} 2\text{ quadrados} & -\ 300 \\ 4{,}5\text{ quadrados} & -\ H5 \end{array}}$$

$$2xH5 = 4{,}5x300 \Rightarrow H5 = \frac{1.350}{2} \Rightarrow H5 = 675$$

Concluímos que a árvore IV é a árvore de maior altura real.

Alternativa correta: D.

QUESTÃO 9.4 - Tema. Distância entre cidades de São Paulo e de Alagoas

Questão 9.4 (Enem 2011). Sabe-se que a distância real, em linha reta, de uma cidade A, localizada no estado de São Paulo, a uma cidade B, localizada no estado de Alagoas, é igual a 2.000km. Um estudante, ao analisar uma mapa, verificou com sua régua que a distância entre essas duas cidades, A e B, era 8cm. Os dados nos indicam que o mapa observado pelo estudante está na escala de

a) 1:250.
b) 1:2.500.

c) 1:25.000.
d) 1:250.000.
e) 1:25.000.000.

Análise do enunciado.
No enunciado, informa-se que a distância real entre as cidades A e B é igual a 2.000km. Em um mapa, um estudante verificou com sua régua que a distância entre A e B era 8cm.
Pede-se a escala utilizada no mapa.

Resolução da questão.
Sabemos que a distância entre as cidades A e B é 2.000km ou 2.000.000m ou 200.000.000cm. Em um mapa, essa distância medida em régua é 8cm. Ou seja, na escala empregada, 8cm da régua equivalem a 200.000.000cm reais.
Para determinarmos a escala utilizada, precisamos saber a quantos N centímetros reais cada 1cm da régua equivale. Para isso, fazemos a regra de três a seguir.

8cm na régua	–	200.000.000cm reais
1cm na régua	–	N

$$8xN = 1x200.000.000 \Rightarrow N = \frac{200.000.000}{8} \Rightarrow N = 25.000.000cm$$

Para acharmos o resultado N, fazemos a seguinte igualdade, vinda da multiplicação "em cruz" dos valores presentes no esquema anterior:

Logo, trata-se de uma "escala 1:25.000.000"

Alternativa correta: E.

QUESTÃO 9.5 - Tema. Maquete de quadra de esportes de uma escola.

Questão 9.5 (Enem 2011). Para uma atividade realizada no laboratório de Matemática, um aluno precisa construir uma maquete da quadra de esportes da escola que tem 28m de comprimento por 12m de largura. A maquete deverá ser construída na escala de 1:250. Que medidas de comprimento e largura, em cm, o aluno utilizará na construção da maquete?

a) 4,8 e 11,2
b) 7,0 e 3,0
c) 11,2 e 4,8
d) 28,0 e 12,0
e) 30,0 e 70,0

Análise do enunciado.
No enunciado, informa-se que um aluno precisa construir, em escala 1:250, uma maquete da quadra de esportes da escola com 28m de comprimento por 12m de largura.
Pedem-se as medidas de comprimento e largura, em cm, que o aluno utilizará na construção da maquete.

Resolução da questão.
Como a escala é 1:250, cada 1cm medido na régua equivale a 250cm reais.
A medida real do comprimento é 28m ou 2.800cm. Como 1cm medido na régua equivale a 250cm reais, para sabermos o comprimento c representado na maquete, fazemos a regra de três a seguir.

1cm na régua	–	250cm reais
C	–	2.800cm reais

Para acharmos o resultado C, fazemos a seguinte igualdade, vinda da multiplicação "em cruz" dos valores presentes no esquema anterior:

$$Cx250 = 2.800 \Rightarrow C = \frac{2.800}{250} \Rightarrow C = 11,2cm$$

A medida real da largura é 12m ou 1.200cm. Como 1cm medido na régua equivale a 250cm reais, para sabermos a largura L representada na maquete, fazemos a regra de três a seguir.

1cm na régua	–	250cm reais
L	–	1.200cm reais

Para acharmos o resultado L, fazemos a seguinte igualdade, vinda da multiplicação "em cruz" dos valores presentes no esquema anterior:

$$Lx250 = 1.200 \Rightarrow L = \frac{1.200}{250} \Rightarrow L = 4,8cm$$

Alternativa correta: C.

QUESTÃO 9.6 - Tema. Fotografia de caneta e pegada.

Questão 9.6 (Enem 2015). Um pesquisador, ao explorar uma floresta, fotografou uma caneta de 16,8cm de comprimento ao lado de uma pegada. O comprimento da caneta (c), a largura (L) e o comprimento (C) da pegada, na fotografia, estão indicados no esquema.

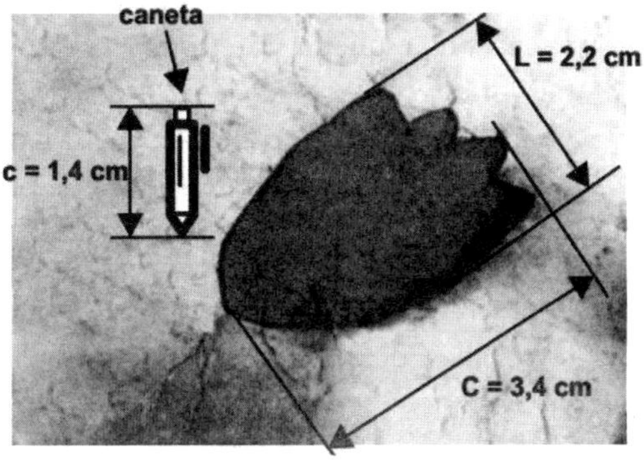

A largura e o comprimento reais da pegada, em cm, são, respectivamente, iguais a

a) 4,9 e 7,6.
b) 8,6 e 9,8.
c) 14,2 e 15,4.
d) 26,4 e 40,8.
e) 27,5 e 42,5.

Análise do enunciado.
No enunciado, informa-se que um pesquisador, ao explorar uma floresta, fotografou uma caneta de 16,8cm de comprimento "real" ao lado de uma pegada. Em uma fotografia, são vistos o comprimento da caneta (c) e a largura (L) e o comprimento (C) da pegada.
Pedem-se a largura e o comprimento reais da pegada, em cm.

Resolução da questão.
A medida real do comprimento da caneta é 16,8cm. Na fotografia, seu comprimento está indicado como 1,4cm. Pela regra de três a seguir, podemos calcular quanto 1cm "na fotografia" equivale à "medida real" R. Vejamos:

1,4cm na fotografia	–	16,8cm reais
1cm na fotografia	–	R

Para acharmos o resultado R, fazemos a seguinte igualdade, vinda da multiplicação "em cruz" dos valores presentes no esquema anterior:

$$Rx1,4 = 16,8x1 \Rightarrow R = \frac{16,8}{1,4} \Rightarrow R = 12$$

Ou seja, cada 1cm na fotografia equivale a 12cm reais.
A largura da pegada na fotografia é de 2,2cm. Para sabermos a largura real LR da pegada, fazemos a regra de três a seguir.

1cm na fotografia	–	12cm reais
2,2cm na fotografia	–	LR

Para acharmos o resultado LR, fazemos a seguinte igualdade, vinda da multiplicação "em cruz" dos valores presentes no esquema anterior:

$$LRx1 = 12x2,2 \Rightarrow LR = \frac{26,4}{1} \Rightarrow LR = 26,4cm$$

O comprimento da pegada na fotografia é de 3,4cm. Para sabermos o comprimento real CR da pegada, fazemos a regra de três a seguir.

1cm na fotografia	–	12cm reais
3,4cm na fotografia	–	CR

Para acharmos o resultado CR, fazemos a seguinte igualdade, vinda da multiplicação "em cruz" dos valores presentes no esquema anterior:

$$CRx1 = 12x3,4 \Rightarrow CR = \frac{40,8}{1} \Rightarrow CR = 40,8cm$$

Logo, a largura real da pegada é 26,4cm e seu comprimento real é 40,8cm.

Alternativa correta: D.

Impressão e acabamento
Gráfica da Editora Ciência Moderna Ltda.
Tel: (21) 2201-6662